红参物语

讲述中国人参文化成为世界文化遗产的理由

曹保明 | 著

知识产权出版社
全国百佳图书出版单位
—北 京—

图书在版编目（CIP）数据

红参物语：讲述中国人参文化成为世界文化遗产的理由 / 曹保明著. —北京：知识产权出版社，2025.3. —ISBN 978-7-5130-9595-2

Ⅰ.S567.5

中国国家版本馆CIP数据核字第2024QC1371号

责任编辑：王颖超　　　　　　　　　　责任校对：王　岩

封面设计：长森源·郭岸东　　　　　　责任印制：刘译文

红参物语：讲述中国人参文化成为世界文化遗产的理由

曹保明　著

出版发行：**知识产权出版社**有限责任公司	网　　址：http：//www.ipph.cn
社　　址：北京市海淀区气象路 50 号院	邮　　编：100081
责编电话：010-82000860 转 8655	责编邮箱：wangyingchao@cnipr.com
发行电话：010-82000860 转 8101/8102	发行传真：010-82000893/82005070/82000270
印　　刷：天津市银博印刷集团有限公司	经　　销：新华书店、各大网上书店及相关专业书店
开　　本：720mm×1000mm　1/16	印　　张：15.5
版　　次：2025 年 3 月第 1 版	印　　次：2025 年 3 月第 1 次印刷
字　　数：180 千字	定　　价：98.00 元

ISBN 978-7-5130-9595-2

审图号：GS（2024）2397 号

自 序

迎着大山的风，穿过苍茫的林海，你慢些走，听一听这个故事。

在那遥远的地方，有一座巍峨的大山。大山上，高高地悬挂着一盏闪亮的灯。那盏灯，鲜红地亮在青山绿水间，亮在白皑皑的冰天，洒在朝贡道上，落在参田间，最后出现在你我微微扬起的嘴角和无法忘却的记忆里。在这盏红参之灯的照耀下，我们走啊，走啊，我们就听到了一个久远的故事，我们就看到了一群人，一群手持红参之灯从历史深处走来的人。

持灯的人，那是一些杰出的人物，他们曾经冒着风雪奔走在千年的丝绸之路上，他们携带着红参，奔向唐朝，去贡献自己的、民族的敬仰之心，那被称为大唐的地方，从此有了红参之灯的光芒，形成了久远的历史文化和辉煌灿烂的人参文化。

持灯的人，那是一些对民族和地域文化怀着敬仰之心之情的人，我们可以称他们为红参人。他们在开发红参文化的艰辛历程中，以自己的智慧和辛劳，以自己博大的爱心和情感，去感恩着、去亲吻着这片土地和养育他们的民族，终于，他们创出了自己独特的中国红参品牌，于是，他们也把自己塑造成一个永恒的形象……

红参人在探索、追求、种植、开发、研制、经营红参的漫漫艰辛路途中，将自己融入为人类带来吉祥岁月的追求之中。这种吉祥的岁月，这种美好的创造，就像长白山上一盏闪闪的红参灯，它迎着暴风雪，怀抱着一颗感恩的心，从远古走来。

红参人秉持着这盏红参之灯、人生之灯，在前方引路。他们昭示人们，在面对生存的困难和生命的挑战时，该怎样去生活；他们告诉人们，在逆境中，该如何以智慧和勇气克服难关……

那就是去点亮这盏红参之灯。

你看，那盏红参之灯在那儿闪闪发光、发亮，它照亮了生命奔往幸福的坦途。

曹保明

2024年4月28日写于长春

序

念念不忘　必有回响

　　我出生在白山黑水一个特别美的村子，从小听着长白山的传说长大，尤其是关于人参的故事，真是说不完啊。

　　我也说不清楚，到底是啥让我有了这个执着的念头——做参。

　　可能是人参娃娃帮助弱小的善良，可能是人参老把头孙良对朋友的重情重义，可能是家乡参农的质朴，也可能是我看不惯自己家的好人参被埋没……总之，在很久很久以前，我的心里就埋下了人参的种子。

　　直到遇见曹保明先生，我看到了他那股执念。每到过年过节，家人团聚的时候，曹保明先生就奔向东北的黑土地，走进各个村子，去寻访那些老人、老艺术家。他已经有40多年的春节和假日没和家人一起过了，他说他怕晚了一步，那些老人都不在了，所以他得加快脚步，来抢救东北文化。

　　"不必成为伟大的人，而要成为对他人有帮助的人。"这是我常常勉励自己的话，而曹保明先生，他做到了。曹保明先生做的事，虽然不像太阳那样，照亮世界，但却像东北夜空中的一颗星，照亮一方。

亲爱的读者朋友们，《红参物语》这本书，就是曹保明先生又一部抢救东北文化的心血成果。曹保明先生通过人参的传说和故事，向我们展现了久远的长白山地区的人参文化。

在这本书里，我还看到了长森源的名字，真的非常感激。我们一直都很重视社会责任，特别注重红参文化的传承和发展，曹保明先生在书里肯定了我们对红参文化保护和传承所作的贡献，真是让我特别自豪。同时，这也让我意识到了，中国人参事业的发展，不仅要"做参"，还需要"做深"。希望有更多像曹保明先生和我这样心存执念的人，和我们一同走进《红参物语》。

我相信，念念不忘，必有回响。

再次感谢曹保明先生，也感谢各位读者朋友！

长森源品牌创始人　朴杰

2024年5月17日写于北京

目 录

| 一 |

回不去的故乡

红 参 物 语

讲述中国人参文化成为世界文化遗产的理由

　　东北的冬季，漫长且寂寞，习惯于"猫冬"的人们坐炕头嗑瓜子，听人"白呼"，笑声翻天覆地，掀开棉布帘子，故事能装满满一屋子。

　　1949年秋的一天，黑龙江省泰来县一间泥草房里，我就在这破炕席上出生了。不幸的是我7岁时，父亲病逝，生活没了依靠，一只胳膊有残疾的母亲带着我和11岁的姐姐，一路流浪回到她的娘家——吉林省长春市有名的"王家包子铺"。

　　姥爷对我们还好，但"公私合营"后铺子归公了，家里新添了三张嘴，"改道"嫁来的后姥姥和她带来的儿子、儿媳脸色自然不好看，那种寄人篱下的日子让我遭受了太多的白眼。日子虽然艰难，我却遇上了一个个"故事篓子"——从母亲到姥爷再到邻居们。

　　白天听男人讲妖魔鬼怪山神庙，夜晚听女人讲坟地狐仙鬼吹灯，听得我头发根儿都竖起来了，好像女妖精脚不沾地披着画皮，一缕烟似的飘了进来，还朝我耳朵眼儿吹了一口凉气——"妈呀！"

　　一声惊叫，我醒了过来，头上全是汗，梦里全是妖精……还有挥之不去的那个少小离家的故乡。

　　我曾在各种资料和文献中初步了解故乡，让我十分感兴趣的是，原来我出生的泰来县，竟然是黑龙江省古代建制最早的地方之一，同时也是"东北亚丝绸之路"重要的驿站之一。

东北亚丝绸之路，在我的记忆里不叫什么"丝绸之路""驿站"，而是叫"老道眼""大车店"之类的名，总之是过车、马、驮帮一类的地方。

我们常说的陆上丝绸之路，是从今天的陕西西安（古称长安）出发，经甘肃张掖、武威，穿越河西走廊，出新疆的塔克拉玛干沙漠，跨过帕米尔高原，经中亚、西亚，到达希腊和罗马，全程六千多公里，连接了世界诸多地域和国家。

东北亚丝绸之路，是这条陆上丝绸之路的支脉。两千多年前，它诞生在东北广阔的平原和山林江河之间，连接着大唐的藩属国——渤海国与中原地区，渤海国也通过它与周边的国家沟通。

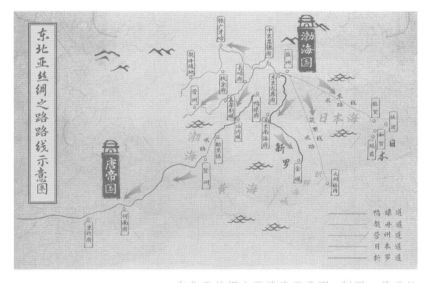

东北亚丝绸之路路线示意图　制图：吴岳松

渤海国，是由生活在东北亚内陆核心地区的一支古老民族靺鞨族建立的政权。唐中宗李显为了牵制突厥，派出使臣崔忻不远万里，到了东北，册封靺鞨首领大祚荣。

那时，渤海国非常仰慕中原的大唐，每年都要给大唐进贡，从此，中华大地上又连接出一条条全面跨越北方地域的古老驿道。殊不知，在千年之后的今天，这些驿道成为处处闪耀着文化光辉的宝路。

东北亚丝绸之路共有五条道：

第一条为鸭渌道（鸭渌道与鸭渌府之鸭渌即今鸭绿江），就是由渤海都城前往京师长安的道。其路线是先到西京鸭渌府（今吉林省临江市，一说在朝鲜慈江道鸭绿江东岸），然后乘船顺鸭绿江而下，抵达泊汋城（泊汋城所在位置至今仍有争议，一说为今辽宁省大蒲石河口），再循海岸东行，至都里镇（今辽宁省大连市旅顺口区），继而扬帆横渡乌湖海（渤海海峡）到登州（今山东省烟台市蓬莱区）登岸，最后从陆路奔往唐京城长安。

仅就"丝绸"来说，鸭渌道可以说是一条真正的"丝绸之

鸭渌道路线示意图　制图：吴岳松

路"，这条道先于其他四条道被开辟，从中原将丝绸等名贵物品带往北方，来联系和赏赐北方民族。

第二条为营州道，又叫长岭道，是渤海国与唐朝东北地方管理机构之间政治、经济往来的主要路线。其路线是从渤海国中京显德府出发，经长岭府（高句丽的故地，今吉林省桦甸市），沿辉发河，至盖牟新城（今辽宁省抚顺市一带），然后经辽西北镇抵达营州。

营州（今辽宁省朝阳市）是唐王朝经营东北地区的重镇，唐中期以前是营州都督府所在地，后为平卢节度使的驻地，代表唐朝管理靺鞨、室韦、契丹等东北少数民族。

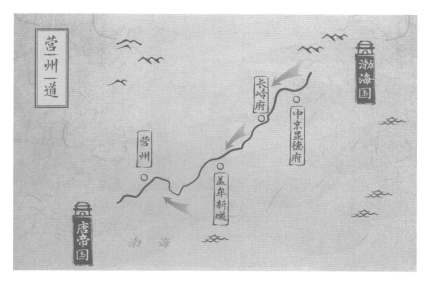

营州道路线示意图　制图：吴岳松

第三条为契丹道，又称扶余道，是渤海国与西面诸民族往来的交通路线。其路线是从渤海国中京显德府出发，越过张广才岭，抵达海西重镇扶余府（扶余的故地，今吉林省扶余县），再向西南行进入契丹地区，至辽河流域的契丹腹地（今内蒙古巴林左旗一带）。

　　这也是当年辽朝开国皇帝耶律阿保机率领契丹军队自扶余府攻打渤海国上京龙泉府的往返路线，还是渤海国与室韦、乌洛侯、达末娄等部交往的重要交通干线。

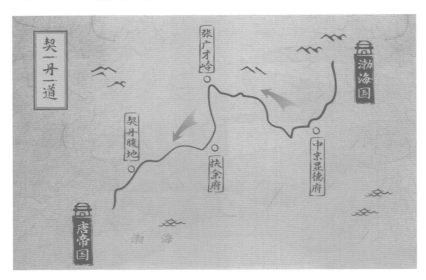

契丹道路线示意图　制图：吴岳松

　　第四条为日本道，又称龙原道。龙原道是渤海国赴日本的重要交通线，先由渤海国中京显德府到达东京龙原府（今吉林省珲春市西南八连城），继续往东南行至盐州（今俄罗斯克拉斯基诺境内）港口，由此乘船渡海去日本。

　　海路有两条线：其一是筑紫线，自盐州出发，沿朝鲜东海岸南下，过对马海峡（从日本通往中国东海、黄海和进出太平洋必经的航道出口），到达日本九州福冈（博多的筑紫口），当时日本处理外交事务的大宰府设于此。

　　其二是东线，从盐州出发，东渡日本海，直抵日本的本州中北部的能登、加贺、越前、佐渡等地。公元752年首创这条航线，是渤海国与日本之间最近的航线。走这条线，只要掌握季风气候，海难事故就会大大减少，因此东线成为后期渤海国与日本之间的主要航线。

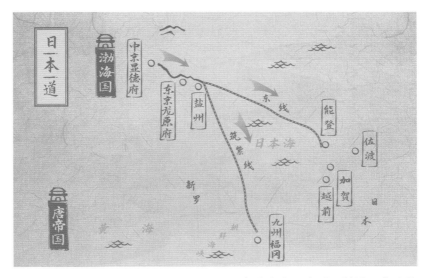

日本道路线示意图　制图：吴岳松

第五条为新罗道，又称南海道，开辟于高句丽时期，是渤海国与新罗的交通干线。

渤海国去新罗必经南京南海府（今朝鲜清津市，一说在咸兴），有陆路与海路两条线路。海路始发南海府，沿朝鲜半岛东海岸南行，直达新罗各口岸，途程较短，又紧靠海岸，是一条较为安全的航线。陆路由东京龙原府至南海府，向南渡泥河（朝鲜龙兴江）进入新罗界。

贾耽在《古今郡国志》中记载，从渤海东京龙原府到新罗井泉郡（今朝鲜咸镜南道的德源）中间有39驿。唐制30里为一驿，全程1170里。

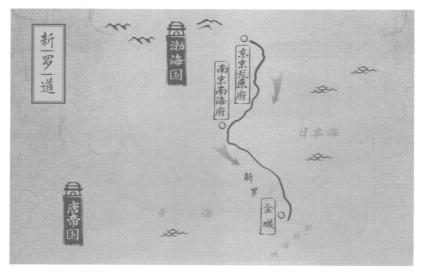

新罗道路线示意图　制图：吴岳松

　　这五条道中的契丹道，是一条重要的东北亚丝绸之路。

　　渤海国存在两百多年后灭亡，但其留下的契丹道在辽代仍然是一条重要的交通路线。

　　辽朝朝廷为追求一种叫作"海东青"的珍禽，专门开辟了一条历史上有名的交通线，名曰"鹰路"。

　　这条鹰路，自东向西的路线首先是从黑龙江入海口出发，沿黑龙江向西南行进入松花江，再一路西行抵黄龙府（今吉林省农安，即渤海"扶余府"），然后再自黄龙府至辽上京临潢府（位于今内蒙古自治区巴林左旗东南郊，林东镇东南）。

　　实际上，此线的后半段，也就是黄龙府至上京临潢府这段路线，就是渤海国时期的契丹道。

　　契丹道，是一条真正的冰雪丝绸之路，更是一条条交叉的丝路。

　　丝绸之路都是在冬季，特别是在落雪之后干燥寒冷的时候，人们要去送货、赶榷场，进行贸易与交流。

历史上的这条丝路，北起哈尔滨、阿城、宾县、绥棱、巴彦和我的故乡泰来，直抵蒙古草原的巴林左旗。

而这条丝路，又交叉去往鄂霍次克海的明代"海西东水陆城站"。往东，便交叉于去往天桥岭、骒子沟（今罗子沟，下同）、张家店和渤海国时期朝贡中原的"朝贡道"。

朝贡，极其庄严的一个词。朝，是敬仰的朝见；贡，不能空手，要带去地方上最好的特产，送给人所敬仰的大唐。

这些古人生存过的城镇据点和走过的道，今天还会留下什么痕迹呢？顶礼膜拜，也就是一会儿的事，为了这样一个举动，一个地域，一个民族，一个部落的人该怎样筹备，然后又如何千里迢迢，关山万重，骒驮马载，风雪飘摇，到达那个叫长安的地方呢？

北方，千山万岭到了冬季，都被茫茫的大雪所覆盖，大多数人待在家里，守着屋内的火炕来取暖，等待着严冬过去，春暖花开。而我仿佛和漫天大雪有一个约定，我觉得，我的命，生生世世，再也难以改变。

我触摸了一下落在头上的雪，转身，大步地向远方走去，我想去"熟悉"一下这条朝贡道。

我从牡丹江以南的宁古塔、东宁走起，一直朝东南到达宁安，之后进入吉林。先是去了靠西边的响水、天桥岭、鸡冠砬子、大兴沟、小东沟、百草沟，然后从安图出发，往南经松江，到达新安驿，往西经新屯、敦化，到达张家店。

后来我又从东边的秃老婆顶子、绥芬甸子，进入骒子沟、上碱，然后一路向西南，经三道河、西河、桦皮林场、桦皮沟、霍家

考察渤海国朝贡道官道岭（左一为笔者） 拍摄：周长庆

考察渤海国朝贡道汤河口
拍摄：周长庆

考察渤海国朝贡道老道槽子
拍摄：周长庆

营村、鸡鸣村、影壁，到达大北，然后再从这里奔往汪清、河东、依兰，到达延吉。再从延吉奔往龙井、龙水、和龙、苗圃、温泉，到达临江，再往南去了五人把、松岭。之后又回到临江，再乘船或者木排，到达今日之丹东，上船过海，经大鹿岛、小鹿岛、老铁山，一直到达山东的蓬莱。从前，马帮要在这里重新将贡品装在马背上，经山东、河南，去往长安，然后再从那里接上通往西域的丝绸之路。

这条路线完全是按照历史上那条通往长安的东北亚丝绸之路朝贡图来规划的，我想品悟一下历史上丝绸之路的滋味。

宁古塔(黑龙江)

宁安(黑龙江)

秃老婆顶子(延边州)

绥芬甸子(延边州)

骡子沟(延边州)

响水(延边州)　三道河(今三道河子村)

上碱(延边州)

西河(延边州)

桦皮林场(延边州)

张家店(吉林市)

天桥岭(延边州)

桦皮沟(延边州)

霍家营村(延边州)

大兴沟(延边州)

鸡鸣村(延边州)

鸡冠砬子(延边州)

影壁(延边州)

敦化(延边州)

小东沟(延边州)

大北(延边州)

新屯(延边州)

汪清(延边州)

百草沟(延边州)

安图(延边州)

河东(延边州)

依兰(延吉市)

龙井(延边州)

延吉市

龙水(延边州)

和龙(延边州)

古城村(珲春市)

松江(延边州)

苗圃(延边州)

新安驿(今抚松)

温泉(白山市)

五人把(白山市)

松岭(白山市)

临江(白山市)

大鹿岛(辽宁)

丹东(辽宁)

小鹿岛(辽宁)

老铁山(辽宁)

蓬莱(山东)

重走朝贡道路线示意图　制图：吴岳松

|二|

拜见参山参农

红 参 物 语

讲述中国人参文化成为世界文化遗产的理由

这天，天儿已经很晚了，我来到了吉林省延边州罗子沟镇的太平沟村，正是古时丝绸之路故道，北距黑龙江万宝林场四十五公里，东距绥芬河故道五公里。

这儿有一个冰雪丝绸之路的典型要素——骡子。骡子，正是冰雪丝绸之路的代表性符号，因为它是驮贡品离不开的畜力。

我敲开村里一家小店的门，说要盘菜。店家一看来了客人，很是热情。在我详细地打听下，店家告诉我，这地方的骡子有来历。

我是一个抓住话头儿就不放的人，问道："怎么个来历？"

店家说："骡子这种牲口，能吃苦，耐劳，抗造，而且……"

"怎样？"

"生命力特强。它们喜欢成帮、结伙。就在咱们这条沟里，当年那是一片大甸子，绥芬河从上游流过，所以这儿叫绥芬甸子。后来因马帮们走长途驮货物就愿意挑骡子使，这地方养骡子的人家越来越多，整个大甸子上全是骡子，所以这儿也叫骡子沟，后改为罗子沟。骡子虽然脾气倔点儿，但耐力强、肯干活！"

"你咋这么熟悉牲口？"

"俺家现在还在养啊！"

说完，他领我推开他家的后院门，我一看，果然有几匹骡子在草栏子里啃草。冬季的厚雪压着料垛，我也上去揪出一些草，喂了那些骡子。两匹枣红色的骡子冲我"嘚嘚"地叫了两声，还伸出粉红的、热乎乎的舌头，舔着我的手，那种亲切，真叫人难忘。

一路风尘仆仆的骡马，踢踏踢踏的脚步声，仿佛又回荡在东北大地上。长白山茫茫林海中上好的百年野山参、鹿茸、虎皮、虎骨、麝香、貂皮、寒葱等山珍特产，骡马是如何一步一步驮运到千里之外的长安的呢？

按照当时原始落后的交通条件，漫漫的骡马驮运，有些珍贵的贡品半路上就会霉烂，那么人参进贡时究竟是新鲜的还是制干的？假如是新鲜的运到长安，渤海人采用了什么样的保鲜技术？倘若是制干的，技术和今天会是一样的吗？这些疑问我迫切想知道。

于是当我问到当地是否还有什么特色和手艺人时，店主马上主动热情地打电话，不一会儿就邀来了两位在当地种人参的参农。

参农，在今天许多人看起来，就是种植人参的人。但是从前，他们几乎都是挖参、保存人参的能手，他们对长白山、张广才岭、兴安岭人参的了解那是太生动了。

离开太平沟村，翻过一座大山，穿过绥芬甸子，就是黑龙江的一个林场。这片荒原野岭，难道会有与人参相关的知识、理论、文化、民俗等存在吗？我兴奋地等待着，并对店主说："再炒两个菜，来两瓶当地的'太平小烧'，我请客。"

谁知，见我如此热情，来的两位参农急了：

"啥？！你请客？"

"对呀！"

"那可不行！"

"咋不行？你瞧不起俺呢！"

"没那意思，你到俺们丝绸之路村子来了，你是客人，我们请你才对，哪有你请我们的？等下回我到了你的老家，你不请我还不行呢！"参农兄弟说道。

这一句话，把我也说乐了。

一看参农兄弟和我争执不下，那个店老板便插话道："行了！行了！你们都别争了，这顿，我请！"

在异地他乡的我，早已被这浓浓的人参丝路情深深地打动了，我从此交下了人参丝路村屯上那些淳朴的村友。

那一夜，我喝多了。那两位参农兄弟也喝高了，借着酒劲儿跟我滔滔不绝地讲述他们曾经放山的故事。

放山，是上山采参的行话。因为采参人都相信，人参是具有灵

笔者（左四）与中国民间文艺家协会专家组入深山考察采参习俗
拍摄：龚振东

气的东西，所以采参人不论是在上山前、寻找人参时，还是在下山后，都会十分注意自己的言行举止。

（一）拉帮

拉帮由把头负责，把头是一伙放山人的牵头人和领导者。把头不仅要有丰富的放山经验和挖棒槌（人参的别称）的技术，能看出哪座山能挖到棒槌，并保证一伙人进山后不会麻达山（迷路），还要公平仗义、懂规矩、讲道德。

放山前，把头要组织放山的人数，讲究去"单"回"双"，因为人参带"人"，要把人参看成一个"人"，所以放山人数要求由三、七、九人组成，忌讳二、四、五这些数目。不喜欢"二"这个数是因为两人行动不便，出现纠纷的话不容易解决，而"四"与"死"音相近，"五"与"无"音相似，寓意不好。这是北方人参文化的一种民俗。

组织好进山采参的人之后，就要备足粮食，带上炊具、火柴、食盐、咸

笔者（左一）与长白山放山把头（1979年于通化县快大茂镇）
拍摄：周长庆

拉帮（人参文化博物馆）
拍摄：崔银美

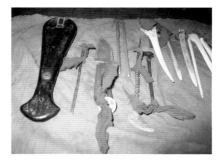

放山工具　拍摄：龚振东

菜以及背筐、背包等野外生活必备的物资，还要备好便携式铁锯、铲子、铁锹、签子、剪刀、红绒线绳等挖参时会使用到的工具。

上山时，永远不能忘记拿一样东西——索拨棍（又叫索宝棍）。顾名思义，"索拨"有探索、拨开之意，索拨棍的主要功能便是拨开杂草，寻找隐藏在角落里的人参。要说放山有多讲究，通过一根索拨棍便能略知一二。

索拨棍的制作非常简单，甚至无须任何加工，但对选材要求很高。采参人往往会选择一种名为赤柏松的树木作为原料，因为赤柏松本身质地坚硬不易折断，并且木身十分光滑，干燥后也不会起刺伤手。

索拨棍的长度要求是5尺2寸，约为173厘米，这个数字被采参人谐音译作"要起参"，是非常吉祥的寓意。

索拨棍本身具有防御性能，可以抵御蛇虫，但是打草惊蛇需要

索拨棍　拍摄：徐少聪、刘大超

采参人不断地来回拨弄棍子，严重耗费体力。若是棍子上拴上几枚铜钱，便可以叮当作响，周围的动物闻声后便避而远之。当然，选择铜钱也并不随意，而是以康熙、乾隆年间的最好，最忌讳使用的就是道光与光绪年间的铜钱，因为"光"，就是没有，意味着找不到人参，太不吉利。

索拨棍使用年限较长，甚至有些采参人一辈子就用过一根索拨棍，当老一辈采参人去世后，新的采参人会接过其手中的索拨棍，继承父辈的遗志。每根索拨棍上都有不少人为刻上去的印记，印记的个数代表着采到的人参的数量，这是索拨棍和主人的荣耀。

凡是有经验的采参人都知道一个道理，无论何时何地，索拨棍都不能倒下，即使是在睡觉或者是蹲下抽烟时，索拨棍都要整整齐齐地树立在木桩旁边，因为棍子代表的是采参精神，精神永远不能倒。

除了索拨棍，放山过程中还有很多规矩，也藏着很深的智慧，值得我们仔细研究。

（二）祭拜山神爷

进山前还需要进行一件重要的事情，就是祭拜山神爷老把头孙良。用三块石头搭成老爷府（山神把头庙），插草为香，树叶为纸，磕头祈求山神爷老把头保佑平安，找到大棒槌。

祭山神（人参文化博物馆）
拍摄：崔银美

这位山神爷背后有一个非常动人的传说。

山东莱阳有一户穷苦人家，老两口就一个儿子，取名叫孙良。这一年，莱阳一带大旱，人们连草根和树皮都吃光了，孙良听说关东山出人参，就和家人商量要去闯关东。爹娘和媳妇听说关东山高林密，死活也不让，可孙良是个有志气的人，说干啥就一定要办成。家人没法，给孙良凑了些钱，送他上路了。

孙良吃尽千辛万苦，终于到了长白山，老山里数不尽的獐狍野鹿、奇花异草，把孙良乐得找根棍子一拄就放起山来。他一个人放山，这叫"单撮"，一连找了几天也没发现人参。这天他正在林子里走，突然看见前边也有个放山的。深山里人烟稀少，人见了人分外亲。一打听，这人也是山东莱阳人，叫张禄。二人就插草为香，结拜为生死弟兄，一块儿去寻找人参。

孙良比张禄大两岁，孙良为兄，张禄为弟。别看张禄比孙良小，

人参老把头孙良　绘图：王益章

可他放山多年，很有经验，他就教孙良什么是"几匹叶"（人参叶片数量），什么是"刺官棒"（一种假人参），给孙良讲人参精变大姑娘的故事，还给孙良讲了许许多多善有善报、恶有恶报的传说，在孙良心里留下了深刻的烙印。

有一天，孙良和张禄分头出去溜趟子（放山行话，

找参），约好了三天回来见面。孙良出了饸子（放山人住的窝棚）走了一头晌，在一个向阳坡上发现了一大片人参。他乐坏了，一口气挖了好几棵，捧着人参回到饸子里去等兄弟张禄，可是连着等了三天张禄也没回来。孙良担心兄弟出意外，就出了饸子去找人。

茫茫老林，他走啊走，走遍了大山各处；他找啊找，找遍了河沟坡岔，也不见兄弟的影子。就这样，孙良一直找了六六三十六天，连饿带累，就昏倒在一块大卧牛石下了。

他醒来后，咬破手指在大石头上这样写道：

家住莱阳本姓孙，漂洋过海来挖参。

路上丢了好兄弟，找不到兄弟不甘心。

三天吃了个拉拉蛄，你说伤心不伤心？

日后有人来找我，沿着蛄河往上寻。

写完，孙良就死在了这块卧牛石旁。其实，他兄弟张禄也是走麻达山了。奇怪的是，孙良人虽死了，可尸首直挺挺地靠着石头，站着不倒，为啥？他惦记他的兄弟，死不瞑目啊！

后来，一个石匠发现了石头上的血迹，就按迹刻成了记号。再后来一伙伙进山放山打猎的人走到这儿，看见石头上的字儿，钦佩孙良的为人，就一一传颂他的事，传来传去，还传到了康熙皇帝的耳朵里。

康熙帝命人领他进关东山去看看。

手下人不敢怠慢，就带领康熙帝进了长白山，来到那块卧牛石旁，果然见到孙良的尸身立在那里。

康熙帝点点头，自言自语地说道：此人勇敢忠义，我封他为山神爷老把头，今后农历三月十六，就是他的生日。

皇帝话音刚落，孙良的尸体摇了三摇，但不倒下去。康熙帝有点奇怪，命令手下人：快！放倒一棵树，树墩给他做凳子！

不一会儿，树墩弄好，孙良的尸体果然稳稳当当地坐在了上面。

康熙帝既然封了孙良是山神爷老把头，不能没有老爷府啊，于是就用红布盖在一块树皮上，算作老爷府，大家跪下参拜。从此，孙良就成了受封的长白山山神爷老把头。

（三）进山

进山的时节除冬季之外，春、夏、秋三季均可，尤以盛夏初秋之际最佳，这是因为此时人参开花后结籽顶起"红榔头"，更容易寻找。

红榔头，是指人参籽成熟变成红色。采参人称每年这个时候为红榔头市，除此之外，按春、夏、秋三季人参秧棵的外观形状，又可分为青草芽市（刚长出嫩绿色的秧苗）、韭菜花市（开出像韭菜花一样的白花）、小夹扁市（花蕾中开始孕育参籽）、大夹扁市（参籽已接近饱满）、青榔头市（饱满的参籽聚合成一个榔头状）、花公鸡市（参籽颜色红绿相间）、扫帚头市（参籽掉落后残留的如扫帚头样的花梗）、黄落伞市（花梗与枝叶枯黄下垂如伞状）。

进山的日子要选黄道吉日，习惯逢三、六、九进山。参把头带领大伙儿选择背风向阳的山坡搭戗子，作为放山人临时的家。放山人每天都从戗子出发去不同方向的山林挖参。

晚间要在戗子前点火堆，既驱赶蚊虫，防止野兽，又可暖身去潮，还能为迷路的人指示方向。烧的柴火要顺着摆放，取其顺利之意。

青草芽市　　　韭菜花市　　　小夹扁市

大夹扁市　　　青榔头市　　　花公鸡市

红榔头市　　　扫帚头市　　　黄落伞市

放山的苗市（人参文化博物馆）　拍摄：崔银美

戗子（人参文化博物馆）　拍摄：崔银美

（四）压山

进山后开始搜寻人参叫"压山"。压山前，由把头"观山景"，选定去哪片山林。把头根据多年放山经验，对山形山势和树木草头仔细观察，判断哪里会生长人参。

压山时，放山人在把头带领下排成横排，称为"排棍儿"；把头在前，称为"头棍儿"；多数人在中间，称为"腰棍儿"；最边上的为"边棍儿"。每人相距10米左右，用手中的索拨棍左右拨动草丛，细心寻找人参，称为"撒木草"。

笔者（右三）与放山人　拍摄：周长庆

压山时，不准乱喊话，否则你喊出什么东西，把头就叫你拿什么东西，说蛇拿蛇，说蘑菇就要脱掉衣服背蘑菇。那么，放山人彼此离得远，又不准乱喊话，想交流怎么办呢？

这就要用索拨棍敲击树干，称为"叫棍儿"。把头敲一下树干，每人依次回敲一声，既示意自己的位置，又示意继续压山；把头敲两下树干，是要求向把头靠拢，休息、抽烟；把头敲三下树干，是要一起下山回货子。

在休息的时候，也不能乱说话，只许说"拿"，不许说"放"。比如，休息称"拿蹲儿"，抽烟称"拿烟"，吃饭称"拿饭"，睡觉称"拿觉"，换住处称"拿房子"，意思都是为了拿到人参。

拿觉泥塑（人参文化博物馆） 拍摄：崔银美

（五）喊山、接山、诈山、贺山

放山人如果发现了人参，叫"开眼"，此时要大喊"棒槌"，这叫"喊山"。

棒槌，是人参的"小名"，这样称呼，表示对人参的亲切。发

巴掌（人参文化博物馆）
拍摄：崔银美

二甲子（人参文化博物馆）
拍摄：崔银美

灯台子（人参文化博物馆）
拍摄：崔银美

现人参的人喊山之后，把头接着问："什么货？"发现人参者得如实回答几匹叶，这叫"接山"。

几匹叶，是指人参有几枚掌状叶，代表着它的生长年龄。

一年生人参长出地面的秧棵只在茎的顶端生出三片小叶，称为"三花子"；人参需要两年以上才能长出一个掌状五叶完整的复叶，俗称"巴掌"；三年后，人参在茎的同一节点上对生出两个五叶，因像羊角、鹿角而得名"二角子"，俗称"二甲子"；生长四年的人参，有三个五叶，称"灯台子"（也称"三匹叶"）；五年生有四个五叶，称"四匹叶"；六年生有五个五叶，称"五匹叶"；六年以上生有六个五叶，称"六匹叶"。也有"七匹叶"以上的人参，极其罕见。五匹叶以上即为大棒槌。

放山人对二甲子情有独钟，认为二甲子是开山的钥匙，预示能抬到大棒槌，因此看见二甲子先要烧香磕头致谢。

压山时如果看花了眼，喊山之

后却发现不是棒槌，称为"诈山"。诈山后要么立即回饸子，要么给山神爷老把头磕头谢罪，然后才能继续压山。

当发现者接山时回答"五匹叶"或"六匹叶"时，大伙儿会一齐喊："快当！快当！"这叫"贺山"。"快当"是满语，表示顺利、吉利、祝贺的意思。

（六）抬棒槌

抬棒槌，即挖人参。放山要求"抬大留小"，只有三匹叶以上的人参才可采挖，即使是遇到成堆成片的人参，小人参也要留下，等其长大留给后人挖。红榔头市时，还要把成熟的人参籽撒播到土里，好让其能继续长出人参留给后人。

挖人参，是个复杂的细致活儿，一般由把头挖。先用拴有铜钱的红绒绳套在参叶上，为的是给人参戴上"笼头"（折两根带杈的树枝，按照需求高度插入人参秧棵的两侧，再把两头拴着铜钱的红绒绳缠住人参秧

四匹叶（人参文化博物馆）
拍摄：崔银美

五匹叶（人参文化博物馆）
拍摄：崔银美

六匹叶（人参文化博物馆）
拍摄：崔银美

抬棒槌（人参文化博物馆） 拍摄：崔银美

棵，两头的铜钱搭在枝杈上），怕它逃跑了。其实是怕人自己看花了眼，认不清人参了。

接着，把头要在人参周围的地上画一米见方的框框，四角插上四个人的索拨棍，称为"固宝"。挖参时先开"盘子"，根据山参的长势和生长环境，决定采挖方法。其他人在上风头"打火堆"（燃篝火），以驱赶蚊虫和预防野兽侵袭。

抬一棵参，要动用许多专用工具。其中有快当签子，是用鹿角或鹿骨削磨制成六寸长的签子，用来拨土挖参，其质地坚硬顺滑，不吸水不霉变，所以不会带霉菌，在划伤人参时不会使参体腐烂。

抬参需要丰富的实践经验，更需要极大的耐心，像发掘古董一样，必须确保人参的每一根参须的完好，如果挖断一根参须，人参就跑了浆气，也就卖不上好价钱了。

所以抬参所用的时间与人参的大小以及生长的环境有关，有时抬一棵大人参需要几天时间。

（七）打参包

挖出来的人参，需用红松树皮或桦树皮，掺上青苔茅子、桦树叶和一些原土，把人参包起来，用草绳或树皮条子打成"参包子"。这样既能保证人参不被损坏，又能保持人参浆气不跑，保持新鲜。

打参包　拍摄：孙卫东

（八）砍兆头

挖完人参还必须"砍兆头"。兆头，就是挖参人在树上留下的"记号"，也是大森林的"文书"。

把头在附近选一棵红松树，朝着挖参的方向，从树干上剥下一块树皮后，在白茬树干上用刀或者斧头刻记号。

放山人数刻左边，右边刻的是几匹叶参，这是为了使后人知

砍完的兆头　拍摄：占忠

道这个地方曾经挖出过人参，是人参生长区。

后人发现了兆头要给兆头"洗脸"（用火把烤去兆头上落的尘土、松树油子，使人看清真面目），知道先人的足迹。兆头也是一种美好的寓意，因为人参是有灵气的，有人走到此处看到了这些标记，就预示着他以后会有个好兆头。

至少百年以上的长白山人参"兆头"　拍摄：卫东

（九）下山

在挖到人参以及下山的整个过程中也是有忌讳的。只许评论人参的形体和参龄，不准估计人参的价值，也不能讲价，讲价视为心不诚，会影响今后的财路。

如果遇到以下情况，把头会决定中止放山而下山回家。

第一次开眼是四匹叶，第二次开眼还是四匹叶。放山人认为，"四"是不吉利的，这是山神老把头的警告，要出事，须下山回家。

几天不开眼，突然挖到一个大棒槌，然后又几天不开眼；或者第一天进山就抬着六匹叶，意思是放山已到顶点了，再没有比六匹叶更大的货了。放山人认为，山神爷老把头就赐给你这些财，别太贪心，要下山回家。

带的粮食不多了；走到悬崖峭壁，等于绝路一条；突然出现大雾；有人滚下山摔伤了或被野兽咬伤；老把头做了不吉利的梦；放山人都麻达山，"跳了棍"（迷路又找回来）；等等。出现以上情况，也应中止放山而下山回家。

（十）还愿

还愿供品　拍摄：占忠

下山回家后，要杀猪到村头的老爷府祭祀山神爷老把头，再次表示感恩。有的在庙前杀猪、蒸白馍，拿着猪头、猪尾巴代表整猪去上供。这是对开山时向山神爷老把头叩谢的一个回应。猪肉下水就在庙前开席，无偿地给邻居亲友们吃。

放山的规矩多，故事也不少。

传说早先年，有个穷小子，姓王，叫王小。由于山东连年闹灾荒，王小家其他人都饿死了，就剩他一个，无依无靠。他听人说关东有宝，又见不少穷人跑关东，他也一路要饭，来到长白山下的夹皮沟。

王小给人家打短工，见有的人成帮结伙去放山，他也想去，可是人生地不熟的，也搭不上伙。他心想自己一人进山，见了棒槌不也一样拿么。于是他用挣的几个工钱，买点小米背着进山了。王小码着（顺着）参天的大树林子，蹚着齐腰深的蒿草往里拉（拉山，有征服山林的意思）。拉了一天又一天，没开眼。就这样，一走走了半个多月，来到一个平冈上，便搭了个戗子住下了。

第二天一大早，王小就出去压山。头天晚上刚下过一场雨，从冈上往下一看，湿漉漉，光闪闪，锃亮一片。顺着冈往下走，见半山腰有个山洞。洞口撑着一张网，那网亮晶晶的，用手一摸，黏糊糊的。他寻思这洞里住的八成也是压山的吧，看来这人比我能耐。

王小站在山洞口，心想，我给点响动，看看洞里到底住着一个啥样的人？他便用索拨棍往网上一敲，这一敲不打紧，只听那张网"哗啦哗啦"一阵响，他忙躲到事先找好的大石头后面。不大一会儿，从洞里出来个怪物，眼睛有鸡蛋大，一走三晃。只见它走几步，听一听，瞧一瞧，又走几步，又听一听，瞧一瞧，见没啥动静，便进洞去了。王小琢磨这是个啥玩意儿呢？他也胆大，坐大石头上抽袋烟，又悄悄地溜到洞门口去敲网。他一敲那怪物急急忙忙从洞里又出来了，它顺着网爬了一圈儿，四处撒么（张望）一遍，

灵蛇护参　绘图：王柳

也没见着啥，又进洞去了。它一进去，王小又去敲，它一出来，王小又躲起来，就这么来来回回好几趟。最后，见那怪物从洞里叼个亮晶晶的东西，放在那面网的正中间，又进洞去了。王小悄悄地溜到网跟前一看，原来网上放的是块圆圆溜溜、光光亮亮的小白石头。王小觉得好玩，顺手捡起来装进兜里。

　　王小一连几天都没开眼，他着急啊，直到第十天，他才见到东南坡上一片通红，全是大山货（主要指大山参，特别是六匹叶的珍贵人参）。他口喊"棒槌"！正想奔过去，刮来一阵腥风。再一看，一条大长虫（蛇）正从大山货丛里伸出头来喝水，长虫身子有缸那么粗，头上还长着血红血红的冠子，这下可把王小吓坏了，谁敢去挖呀！没法，王小就在附近转悠了半个月，那大长虫就是不动窝。眼看吃的也没了，王小只好先回去，想背上点小米，瞅机会再下手。于是，他在树上做了暗号，就下山了。

王小到外面找个店住下了，晚上怎么也睡不着，心里老惦着那片山货。可巧，同铺炕上有个姓李的小伙儿也睡不着，两个人凑到一起就唠扯上了。姓李的小伙儿问："你咋睡不着呢？"

"唉！有财不能发呀！"

"哪来的财？"

"有一大片山货，可就是不敢挖！"

"为啥？"

"有条水缸粗的长虫护着呢！别说是我一个，再添上十个也白扯。"

姓李的小伙儿一听，"嚯"的一声，从炕上翻身坐了起来说："这有啥难的！我找了这么多天，这回总算找着了！"

王小也坐了起来，问："你要干啥？"

"你别急，我是专拿大长虫的，山货全归你。你领我去，我给你廿两银子。"说着，姓李的小伙儿便把钱褡子（钱包）拿过来，给他拿了廿两银子。

第二天一早，王小领着姓李的小伙儿，顺着当初在树上留下的记号，总算找到了地方。一看，那片大山货还在，那条大长虫也还在。只见姓李的小伙儿拿出件皮衣裳往身上一套，那皮衣裳上到处都是锋利的刀片，就露出一双眼睛，然后他慢慢地往长虫跟前走去。长虫一见有人来，"呼呼呼"一阵山响，一下子伸出半截身子来。姓李的小伙儿也没害怕，继续往前走。那长虫气得把头抬了起来，张开血盆大口，那小伙儿不仅没退，反而一耸身蹿进了长虫的嘴里。

王小吓得浑身冒冷汗，腿肚子直抽筋。他扶着大树刚刚稳住身子，就见那长虫上下左右一阵乱晃，身子在地上直抽，滚了几滚，就再也不动弹了。这时姓李的小伙儿从长虫的肚子上掏个洞，爬出来啦。他用刀把长虫的眼珠给挖下来，装进兜里，又忙着取蛇胆。见王小还像呆呆地靠在大树上，便大声喊道："哎！伙计，怎不快来挖呀？"王小一听，这才慌忙跑过去。棒槌多得很，他拣大的挖了些，两个人就回来了。

王小得了宝参准备回山东老家。回山东得坐船，就在王小乘船那天，起了大风，天黑得和锅底一样，他只觉得那船一会儿被浪涌到了天上，一会儿又被浪卷进了海底。四条大船有三条被风刮得无影无踪，就王小乘的那条船任凭风浪有多大，一船人都平平安安的。也不知过了多少时候，风浪总算小了。船老大问："哪位老客带着宝贝呀？"全船的人你看看我，我看看你，谁也不说话。船老大又问了几遍，还是没人吱声。

风也停了，浪也平了，太阳也露出来了。王小伸手掏烟抽，一下摸到那块小石头，便拿了出来，放在手心里玩，被船老大一眼看见了，说："哎呀，你这位老客，怎么有宝不吱声呀！"

"就这么块小石头，算得上啥宝？"

"老客，你可别小瞧它，这是块宝石，叫避风石。有了它，在海上行船，遇上多大的风浪都没事。"

船老大问王小要多少钱才卖。王小寻思，我有了这么多大货，也够我吃、够我喝的，这辈子我再也不来闯关东了，可往后别的穷哥们还会走，说不定坐船时还会遇上风浪哩。

于是王小便对船老大说："这石头要说有价就有价，要说没价就没价。这样吧，只要你答应我两条要求，我就送给你。"

船老大一听，乐得眉毛都飞起来了，忙说："老客，别说两条，两百条、两千条我都答应你！你就说吧！"

王小伸出一个手指头，说："你得一辈子当船老大，在海上行船。"

船老大一听，连忙说："我家祖祖辈辈都住在船上，不仅我这一辈子当船老大，而且让我的子孙后代也当船老大。"

王小又伸出一个手指头，说："以后再有穷哥们来闯关东放山挖参，遇到难处，乘船别要钱。"

"这也好办，我当初也受过穷，穷帮穷，变成龙！以后穷哥们坐我的船，不仅免船钱，还供他们吃饭。"船老大说完，进舱拿出三炷香点着，当着全船老客的面，跪在船头上，对天发了誓。王小见他答应了，还对天发了誓，当即就把"避风石"送给他了。后来听说这船老大真的帮助了不少来闯关东的穷哥们。

祖祖辈辈传承下来的这些规矩和带有魔幻色彩的故事，透露着人们对人参的敬畏，还有热爱生活、征服自然的信念，同时也形成了独特的生产文化，成为特有的民俗，到现在一直"活化"在人们从事人参生产的实践中，朝贡古道上的很多当地人仍然在过"老把头节""开秤节"等民俗节日。

时光流转间，是什么力量让人参的魅力经久不衰？又是什么力量让容易腐坏的人参走出黑水白山，到达中原，最终完成讨帝王欢心的使命呢？

参农兄弟说，每一位放山人都是保存人参的能手，放山时，他们要带一个盘子，叫"火盘"。

《鸡林旧闻录》中记载，山里人挖到人参，要带回饺子。"做时，先将鲜参用沸水煮至半熟，再以小毛刷将其浮皮洗净，用白线小弓将参纹中尘土剔尽……上锅蒸熟，再上火盘烤干"，变成"红参"。当年为了在进贡唐朝路上不腐烂、不坏掉，要经过六遍火盘来蒸烤。

走在这条朝贡道上的，不仅有唐朝时期的人，还有宋、金、元、明、清时期的人。到了明清两朝，朝贡道开始走向巅峰。明代，后金因人参贸易而壮大。我们知道，吉林省在明代时叫吉林乌拉，是满语，就是"沿江之城"的意思。为巩固东北边防，吉林开始营建船厂，船厂造船需用木，用木就得进入森林采伐，伐木造大船，人们乘船去朝贡，送去的依然是红参。其实从明代开始，今天黑龙江以北和乌苏里江以北的民族就给中原送去人参、皮毛、桦树皮和肉干，换回他们需要的丝绸、粮食。送给唐代皇帝、明代皇帝

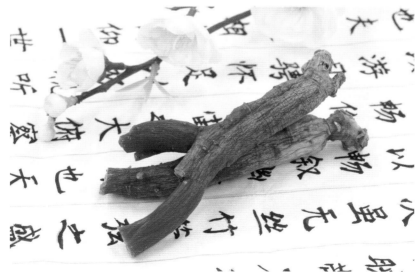

红参　拍摄：崔勋

以及清代皇帝的人参，都是经过加工而成的红参。

当我又追问若不加工如何才能让人参保存得更鲜更久时，其中一个参农兄弟答道："说也说不清，我应该让你开开眼。我家有一棵泡在酒里多年的老山参，我去给你端来，你亲眼一瞧，不就什么都明白了嘛！"他说完，起身要走，去取泡参的大酒罐子。

"等一会儿！"谁知这时，另一个参农兄弟拉住了他，说，"不行！"

"怎么不行？"

"你那参是酒泡过的！我有一支老山参，是真正的老池底子参（原来参地里遗留下来的人参），我一直在箱子里养着。看看我的，比你那纹路清楚、奇特！"

"你懂啥？酒泡的纹路，不更清吗？"

"不用泡的真参，不更清吗？冬天保存下来，会更好看！"

他们二人，你一言我一语地说着，竟然争论起来，这真是人参丝绸之路上朴实的村民呐！

我被丝绸之路和人参朝贡道上这些老百姓的淳朴深深地打动了。"二位兄弟，快别争了！我看，你们俩都去把'宝贝'取来，让兄弟我见识见识！开开眼！"

"这还差不多！"两位参农乐了，他们俩放下筷子，推门跑出去了。

室外，冬季的老北风，卷着大雪，在长白山荒凉的绥芬大甸子上吹刮着，那老北风像喝醉了酒的大汉，时而大声吼叫，地动山摇；时而又低声喘息，仿佛把一曲曲古老而生动的人参文化之歌唱响在岁月的过往中。

　　小店老板这时也被这生动的场面感动了。他突然想起，他家的盒子里也有一棵老山参。其实这一带的人家，几乎家家都有这种"藏货"，但一般是不见真人不出手。要深入生活，了解自然，必须要走入生活，亲眼见识一下。

　　"哎呀，你等着兄弟，我给你拿出一样，你再看看！"小店老板说着也推门跑向他家后院的小仓库。

　　此时屋里只剩下我一个人，我看看桌上的四双筷子，一桌子热气腾腾的好菜、好饭，再听听外面北大荒夜里那狂风暴雪的嘶吼声，我的眼中忍不住湿润了。村民，多好的村民呀！我知道，我探索丝绸之路的路子走对了，走正了。我暗下决心，我要把丝绸之路上优秀的人参文化记录下来，做一个人参文化的抢救者、保护者。

|三|

森林号子

红 参 物 语

讲述中国人参文化成为世界文化遗产的理由

　　人参，往小了说，它就是一种植物，属五加科，多年生草本植物。但是往大了说，人参是一种文化，是中华民族的瑰宝之一，也是世界文化遗产的一部分。

　　中国是世界上最早应用人参、最早系统总结和记载人参药用价值的国家。人参之于我们，犹如深植于心的基因烙印，更似一条无形的纽带，即便未亲见其实物，茶余饭后的谈资中，也不乏它的传奇与故事。

　　离开太平村之后，我来到了张家店，它是东北亚丝绸之路上一个比较大的村落，从前这里山高林密，山谷间有一条小路，正是当年朝贡的马帮行走的驿道。

　　村里住着很多伐木人，这使我很激动，因为人参文化里有非常多的森林故事，其中大树、斧子、锯、冰、雪、爬犁都是跟人参相关的重要元素。于是，我毅然投石问路，边交朋友边探索，没想到，一下子发现了"大山参"。

　　张家店虽然只是一个村子，却有许多作坊，其中有一家油坊。当时，油坊还没开工，只有一个看守油坊的老头儿。我就喜欢从老一辈人嘴里听故事，我俩三说两说，就成了好朋友。

　　我见朋友从来不空手，特意给老人家带了几盒烟，老人家一高兴，说："小伙子，你别走，就住我这儿。工友们下个星期才来上工，你今晚上就和我做伴，怎么样？"

多年的走南闯北，我最喜欢这种环境了，连忙答应着。

东北的油坊是非常暖和的地方，因为榨油得炕豆子，火炕必须烧得热热的，屋里要到一定温度才行，一铺大炕，人也和豆子睡在一起。

地上，榨油机静静地安放在那里，还有囤子装粮食，一排大木桶，准备装油。

到了晚上，老人家打开了话匣子。

一听我是搞人参研究的，老人家可来劲了。原来，这老人家不仅会采参、挖参、晒参、晾参，更有一手绝活儿——做人参冰灯。

他为我做了一盏人参冰灯。

在寒冷的冬夜里，他先是在一只水桶里倒上水，放在外边冻一会儿，等挂上一层冰的时候，他把水桶拎了回来，然后从炕上抓起一把黄豆粒儿，一粒儿一粒儿地按在了桶里的冰上，接着又把桶拎到外面去冻着。

又过了一袋烟工夫，他把桶再拎进屋，这时，那些黄豆粒儿已冻入了冰层里。老人将冰桶放在炕上，一会儿，冰壳脱落下来。

只见那冰壳上是一支人参样，贴着一个个黄豆粒儿，老人用一条麻绳儿一拴，点上蜡烛，挂了出去。

哎呀，太奇特的冰灯了！只见洁白的冰壳上，被老人神奇地镶上了一层豆粒儿，烛光一照，那洁白晶莹的冰中，闪出一粒粒金黄的豆子，如一粒粒金子，真是一盏绝妙的人参冰灯啊！

我长这么大，还是头一次看到这么奇特的冰灯。

夜晚点亮的冰灯
拍摄：龚振东

这让我学到了许多将冰雪文化与自然物种相结合的设计和制造技巧。这种冰雪文化的创意，让我在思想和文化上彻底开了窍。

在张家店油坊，老人给我找来了十里八村有名的"故事篓子"。他伐过木、运过木、拖过木、放过木排，还有一肚子故事，记忆力极好。他那时虽然已经70多岁了，可是看起来就像50多岁的人，他说这可能是常年吃人参的缘故，而且一辈子也没遇上过什么大病大灾。他最懂人参怎么种，怎么采，怎么吃，怎么贮藏。

没想到，他还是会唱森林号子的人参大王。

号子，是森林里抬木人的劳动歌。生活在现代的人，估计怎么也不会想到，盆口粗的长白山木材是被人们用肩膀一根一根扛下山的。在春夏秋这三个季节，由于树木茂密，蚊虫与野兽活动频繁，加上雷雨天气也多，作业难度很大。所以，伐木往往选择在冬季进行。每到严冬腊月，遍布长白山林场的吆喝声就在山间回响。

伐木是一项系统的工作，有伐木的，有归楞（按树种、长短、粗细堆积起来）、穿排（把采伐的木材穿成排放到江里流送）、外运的。根据工种的不同，森林号子的唱法也不一样。

有一种只有三个字："顺山倒""迎山倒""横山倒"……这种号子称为"喊山号"，由一人喊唱，为的是告诉周围人树倒的方向，提醒附近的人注意安全。

树在倒地后准备运走的时候，"抬木号子"就该上阵了。抬木人的领头人"杠子头"（又叫号子头）领唱，其余的人接唱（又叫接号）。抬木人排列在木头的两侧，用右肩扛的为一行，左肩扛的为另一行。

笔者（中）与伐木工人
拍摄：龚振东

右肩扛木称"大肩"，左肩扛木为"小肩"。

领号人喊出一声："哈腰挂呦！"大家回应"嗨"后，一起哈腰把掐钩挂到木头上。领号接着又一声："挺腰起呀！"大家齐声喊"嗨"，两行大汉身体猛地向上一挺，只听掐钩噼啪作响，大木头慢慢地动了窝，被抬起来了。这时，大伙要齐用力，保证所有人同时抬起木头，若有一人抬不起来或抢先抬起来，都容易造成另外的人受伤。

开始迈步时也有讲究，第一步，大肩先迈右脚，小肩先迈左脚。在发出接唱的号声之后，大家的步伐和身体的扭动要符合节拍。接着，领号人唱："哈腰挂来——"

合："嗨——"

领："哎哎嘿——"

合："嗨——"

领："哈腰就挂上了——"

合："嗨——"

领："哎嗨呦吼——哎嗨——"

合："嗨——嗯哈嗯哈——嗨——"

老伐木人一出口，便把当年林业工人的生活表现出来了。而且，老伐木人还找来了几个老伙计，大伙给我真真切切地表演了一番，边抬木，边唱森林号子。

领："大森林啊——"

合："前边迎啊——"

领："冰闪闪啊——"

合："亮晶晶啊——"

领："哪有坎呀——"

合："哪有坑啊——"

领："照得脚下——"

合："看得清啊——"

领："大野地呀——"

合："都是冰啊——"

领："照得脚下——"

合："走得平啊——"

这号子，真是把森林文化表现得淋漓尽致。现在，为了让长白山的森林透光通风，每隔几年就要进行一次"抽伐"，有些地方机械上不去，所以还需要伐木工，还需要抬木工，这才让我有幸能见到活在今天的"森林号子"，太生动，太鲜活，太独特了……

夜里，他们就在油坊里开故事会，那些人，都是讲故事的能手！

我问："森林里有什么可怕的事发生吗？"

"吊死鬼！"一位工人神秘地说道。

所谓"吊死鬼"，就是大树倒下时与周围的树相撞，树枝折断后挂在周围的树上随风摇晃，就像传说中的吊死鬼一样。这些吊死鬼说不定什么时候就会掉下来砸到人，一旦砸到，非死即伤。

　　采伐自古以来就是一件危险的劳作，即便有了现代工具作业也不例外。除了"吊死鬼"，采伐时若碰到"病腐树""枯立木""风倒木""悬浮木"，都会带来安全隐患。所以，在林海讨生活的人，久而久之都形成了"万物有灵"的观念，对自然十分敬畏与感激。

　　于是，进山伐木前，伐木工也要在老把头的带领下，去祭拜山神。这位山神爷，其实就是进山挖参的放山人信仰的孙良祖师爷，伐木工进山也信孙良。所以伐木工在很多方面跟放山人有着同样需要恪守的山规习俗，比如他们都得保护一种叫豺狼狗子的动物。传说它是山神爷的看家狗。这种动物是食肉动物，牙、爪尖利，体积不大，善于跳跃，爬树赛过家猫，叫声似叭儿狗叫，多是群体活动。伐木人或放山人在山里搭饺子，都有意识地把剩饭或饭渣等撒向房子所在周围，当豺狼狗子觅食看到后，就在饺子周围撒上一圈尿，任何动物闻到这股尿味儿，都退避三舍，就连老虎也不敢靠近。

　　据说老虎虽凶，但也惧怕豺狼狗子，一旦遇上，如果逃避不及时，就可能被这只仅有猫那么大小的豺狼狗子吃掉。因为它们是群体活动，遇到捕食对象就群起而攻之。它们跳到老虎背上、颈上、肚子上，用其锋利的爪抓在皮肉之间，把要害部位都咬住，任它虎爪、虎尾再厉害，也奈何不了它们。

　　伐木工也不能随便坐在树墩子上。伐木后的树墩子，无论是新伐的还是旧伐的，都不能坐在上面休息，因为这树墩子就是山神爷的座位，凡人坐不得，坐了就会得罪山神爷而降祸，对大家都不利。

我越听越兴奋，没有一点睡意，只想给我肚子里的所有疑问都找到答案，我问："你们知道人参朝贡道吗？"

其中一位伐木工说："小时候经常听村里的老人讲，在他们小时候，他们的父辈会指着一座山峰给他们讲，朝贡道就从那里走过。"

"那些老人呢？"

"那都是上个世纪90年代的事儿了，早都已经过世了。"

"唉，我来晚了。"我感到很自责。

"不是还有我们吗？"伐木工安慰着我。

是啊，但很多文化就像"交头接耳"一样的传话游戏，在一代代口口相传的言说中越来越模糊，与真相渐行渐远。我愈发感觉时间的紧迫。生命无法等待，历史无法等待，文化抢救无法等待！

在这些距离历史真相最近的伐木工的记忆中，朝贡道也仅剩下吉光片羽。他们听老人们说，渤海国在几条主要交通干线上设置驿站，负责政令、军情的传递，往来官员、使者的接待，以及驿马管理、车船保养等。

为了方便用马车传递人员、物资和信息，朝廷还特别建立了"乘传"制度，由驿站为来往官员、使者提供住宿、马匹或车辆。每年去朝贡的队伍要备足口粮和生活用品，才开始踏上漫长的朝贡道路。

在路上，队员所要走的顺序都是固定的，一个人要紧跟着另外一个人，一匹马要紧随着另外一匹马，顺序绝对不可以出错。

队伍里什么人负责供水，什么人负责拿药，什么时间可以歇息，遇到土匪怎样战斗，都有明确规定。大一些的队伍里面还有狗，这些狗可能会跟随队伍到达长安，也可能会死在路上……

那个老伐木工还跟我讲山里人怎样爬冰卧雪去寻找水源的事，

又告诉我，爬犁怎样拖木，特别是大车如何能在北方冰雪的原野上行走，那车轮子是什么样的。

我受到了极大的启发，问他："那大车的轱辘是怎么做的呢？"

"做轮子，不叫'做'，而叫'锁'。"老伐木人笑着说道。

"'锁'？那不是锁住了？还能走吗？"

"东北大车的轮子，特别是丝绸之路上那些贡车的轮子，是一块块地'锁'上去的，那些木头，称为'锁木'，是一块块地'对'上去的，其中有一块三角形的木，叫'匣'，是车的锁，主要是为了使大车一上路，便可应付道上的坑坑洼洼，那轮子一遇上冰雪路上的坑坑洼洼，往往'打误'，称为'闹套'，这时，大车的'锁木'（匣）就起到作用了。有了锁木，有坑一颠，锁木上下一错动，什么坑啊、坎呀，都过去了。这一带的人好客，有大车远来，主人把'匣'抠下来，扔到井里，等什么时候主人认为你吃好了，喝好了，再捞出'匣'，安回车轮上，让你走，叫'管匣'。"

"啊？！原来是这样。"

在我的头脑中，那木轮的东北大车"轱辘"就有了生动的形象。

一个赶过大车的老伙计给我看了一棵"干参"，他出门在外，冻得不行时，便会掏出来啃上一口，所以才有了一副抵抗寒冷的好身板。这根干参被他啃得只剩下一寸长，真是奇特的宝贝。

一种东西或文化在久远的传承过程中，语言、习俗有时会出现一些差异，但是本质上的特征没变，只有人身临这个地方，走进这个地方的民间记忆中，从前的本真才会被认知。

我站在这条古道所在的村落里，已经被人参文化深深地淹没了。

|四|

百草之王

红 参 物 语

讲述中国人参文化成为世界文化遗产的理由

直到今天，朝贡道上的人参文化依然在这片土地上体现得淋漓尽致，交相辉映。

这是一方令人敬重的土地。单纯从东北亚丝绸之路朝贡道的历史意义来讲，它不仅联系着唐渤海国和长白山外的世界，而且成就了人参成为中华民族的传奇。

（一）人参与命名

千百年来，老百姓给人参起了很多名字，什么棒槌、孩儿参、老山参、山参、神草、血参、野山参、园参、晒参、野人参、圆参、人衔、地精、皱面还丹、黄参、鬼盖、土精、海腴、金井玉阑、百尺杵等将一百多个名字，但最被人传颂的还是"百草之王"这个称号。

百草之王来自满语"奥尔厚达"，奥尔厚达可以拆分成两个字词来解释，"奥尔厚"在满语中是草类的统称，"达"是统领的意思。到了朝贡道上，才知道百草之王可不是白叫的。

在朝贡道上，真是什么"名"都能"靠"到人参上。姑娘，叫人参姑娘；小孩，叫人参娃娃；还有人参蜜、人参酒、人参米、人参面、干饭参、药参、灯笼参、扁担参、四合参、人参嫁女、人

毛驴参的故事剪纸　供稿：侯玉梅

毛驴参的故事剪纸　供稿：侯玉梅

参剃头、棒槌喊山、兽参、火参、刺参、葫芦参、骑鹿挖参、巴掌参、拧劲参、吹箫得参、驴皮口袋参、毛驴参、青年参、莲花参、童子参、夫妻参、老头参、老太太参、小猪倌参、汗衫娘子参、磨参、碾子参、犁杖参、锄头参……虽然很多词的意思都说不清楚了，但依然能看得出老百姓是真的喜欢人参，恨不得什么都与人参扯上关系。

　　还有大量地名，如一张皮、一把叶、二甲子、灯台子、五品叶沟、老把头沟、棒槌砬子、棒槌窝棚、万良、珠宝屯等，都与人参有关。

　　万良开始叫万两，是因为有一个人挖到了一棵八两重的野山参，古人说："七两为参，八两为宝。"这棵八两的山参卖了一万两白银，于是这个屯子就叫"万两"。后来叫白了，就叫成万良了。

　　珠宝屯也是如此，有说是伐木挣下的珠宝万两，有说是挖人参挣下的大价钱……

（二）人参与诗篇

回望历史发现，人参还是被帝王将相、文人墨客留下赞美诗篇最多的一味中药材。

有描写人参生长特性的，比如最早的人参诗，梁代陶弘景写的《人参赞》："三丫五叶，背阳向阴。欲来求我，椵树相寻。"他描写的人参长了三个复叶、五片小叶，长在背阳阴凉的地方，如果想找到人参，得去椵树林里找。

有感谢人参让自己重获健康的诗句，比如苏轼的《小圃五咏·人参》："开心定魂魄，忧恚何足洗。糜身辅吾生，既食首重稽。"苏东坡不仅夸赞人参可以安心神、定魂魄、止惊悸、驱忧愁，还以最重、最高、最庄严的祭祀先祖、朝见天子时用的跪拜礼节感谢人参。如果无显效，苏东坡是不会故作惊人之语吧。为什么呢？苏东坡可以说与人参缘分不浅。在给朋友的诗中，他写道："为子置齿颊，岂不贤酒茗。"（《紫团参寄王定国》）当鼓动齿颊，慢慢咀嚼人参，其中的益处妙处胜过佳酿好茶。

清代著名军事将领多隆阿因得到人参而治好了病，也写诗来赞美人参：

> 草擅嘉名草亦灵，辽东瑞草象人形。
>
> 独含元气钟幽谷，欲考良材注本经。
>
> 野老知珍详地道，摇光散彩应天星。
>
> 痾瘵切己能拯救，不向松根采茯苓。

多隆阿觉得，如果一种草药有好听的名字，那这种药物肯定是有灵性的。因为它功效神奇，了解它功效的人，一定不会吝啬给它起一个好听的名字，并且将好名字传扬出去。人参是北斗第七星摇光星，散下来的星辉落于人间，又得山川精华毓秀之气相和而萌发的仙葩。吃下人参，患病的身体就能够恢复，有了它就再也不用到处去挖茯苓保健身体了，因为人参的功效远远超过了其他的药物和营养品。

（三）人参与书籍

除了诗，人参也是文人们作书立传的座上客。

1.《太平御览》

宋代太平兴国年间，由李昉等人辑成的类书《太平御览》，保存了古代社会的政治、经济、文化及自然博物等方面的大量资料，这其中就包括人参。

一个故事是：

> 人参一名土精，生上党者佳。人形皆具，能作儿啼。昔有人掘之，始下数铧，使闻土中有呻声。寻音而取，果得一头，长二尺许，四体毕备，而发有损缺处。将是掘伤，所以呻也。
>
> ——《太平御览·异苑》

另一则故事记载：

> 隋文帝时，上党有人宅后，每夜闻人呼声，求之不得。去宅一里许，见人参枝叶异常，掘之入地五尺，得人参，一如人体，四肢毕备，呼声遂绝。
>
> ——《太平御览·广五行记》

这些记述，真叫人神思奇想。

2.《人参传》

明代医药学家李时珍的父亲李言闻，专门为人参写了一本书《人参传》，这本书在应用人参方面颇有独到之见，反映出明代对人参从理论到应用都达到了很高的水平。

《人参传》记载：

生用气凉，熟用气温。味甘补阳，微苦补阴。气主生物本乎天，味主成物本乎地。气味生成，阴阳之造化也。凉者，高秋清肃之气，天之阴也，其性降；温者，阳春生发之气，天之阳也，其性升。甘者，湿土化成之味，地之阳也，其性浮；微苦者，火土相生之味，地之阴也，其性沉。人参气味俱薄。气之薄者，生降熟升；味之薄者，生升熟降。

这段精辟的论断，可以说是历史应用人参的精华总结，至今仍在应用。

3.《红楼梦》

人参在《红楼梦》中多次出现。小说一开始，西方灵河岸边的三生石畔有一株绛珠仙草，因受了神瑛侍者的雨露浇灌，再吸得日月天地精华，修炼成人形，也就是绛珠仙子。

神瑛侍者下凡造历幻缘，绛珠仙子也跟着下凡了，她要用一生的眼泪还这神瑛侍者浇灌之恩。

这绛珠仙草、绛珠仙子就是林黛玉的前世过往。所谓绛珠就是红色的小珠子，人参也结红色的果子，所以也有种说法认为绛珠仙草就是人参。

《红楼梦》第三回，林黛玉初入贾府，写道：

众人见黛玉年貌虽小，其举止言谈不俗，身体面庞虽怯弱不胜，却有一段自然的风流态度，便知他有不足之症。因问："常服何药，如何不急为疗治？"黛玉道："我自来如此，从会吃饮食时便吃药，到今日未断，请了多少名医修方配药，皆不见效。……如今还是吃人参养荣丸。"贾母说："正好，我这里正配丸药呢，叫他们多配一料就是了。"

人参养荣丸的重要配料，就是人参。

《红楼梦》第十回，秦可卿生病，贾蓉请来的张先生开了一副叫"益气养荣补脾和肝汤"的方子，贾珍看了方子，说："他那方子上有人参，就用前日买的那一斤好的罢。"

《红楼梦》第十二回，王熙凤毒设相思局，贾瑞两回冻恼奔波，得了重病，各处请医疗治，皆不见效，最终寄希望于"独参汤"，但他的爷爷贾代儒无力购买人参，只好去荣国府求取。王夫人吩咐王熙凤称二两给他，但王熙凤只给他凑了几钱人参渣末，并声称："再也没了。"

《红楼梦》第七十七回，因为王熙凤生病，要配调经养荣丸，需用上等人参二两，"王夫人命人取时，翻寻了半日，只向小匣内寻了几枝簪挺粗细的。王夫人看了嫌不好，命再找去，又找了一大包须末出来。"王夫人四处找都找不到好人参，只好来找贾母，贾母赶忙让丫鬟鸳鸯称二两给王夫人，谁知大夫看了，说："如今这个虽未成灰，然已成了朽糟烂木，也无性力的了。"

贾府中的人参，从一开始贾母"多配一料就是了"的说有就有，到最后王夫人"四处找都找不到"，这是曹雪芹借着人参暗示贾府由盛至衰的转变。

其实《红楼梦》里贾府吃人参的这些情景，就是曹雪芹家服用

林黛玉与绛珠仙草　绘图：王柳

人参的情景。

曹家在清代康熙时期，是一个不折不扣的豪门世家。今天坐落在南京的江宁织造博物馆，就是在原江宁织造府的旧址上修建而成的，那里便是昔日曹家的府邸，曹雪芹就诞生在那里。从曹雪芹的曾祖曹玺开始，曹家先后三代世袭江宁织造这一要职，享尽了清朝皇室的恩宠。

在钟鸣鼎食的曹家，人参一直是生活中必备的滋补品。据说曹雪芹的祖父曹寅就曾长期依赖人参进补，所以人参在贾府的出现，不仅合情合理，更是曹家生活的一个缩影。

4.《天龙八部》

在武侠小说中，人参也是一个神奇的角色，无论是多重的病，或者是多重的伤势，用了人参保准药到病除。

比如，金庸在《天龙八部》中就描述了人参的神奇功效：

> 萧峰到了药店，寻思："素闻老山人参产于长白山一带苦寒之地，不如便去碰碰运气。"

在原著的剧情中，萧峰抱着重伤的阿紫四处寻医看病，当医者都觉得无力回天时，萧峰在转身出门之际遇一小厮风风火火闯进药店喊道："快，快，要最好的老山人参。我家老爷忽然中风，要断气了，要人参吊一吊性命。"

而后又写阿紫服用人参后病情好转：

> 熬成参汤，慢慢喂给阿紫喝几口。她这次居然并不吐出。又喂她喝了几口后，萧峰察觉到她脉搏跳动略有增强，呼吸似乎也顺畅了些，不由得心中一喜。

萧峰欣喜若狂，只觉自己保得住阿紫性命，终于没有辜负阿朱的托付。

（四）人参与星象

古人还把人参列为"与君同相"，西汉《礼纬·斗威仪》记载：

> 君乘木而王，有人参生。下有人参，上有紫气。

世间万物都有对应的品相和瑞相，在下瑞属相的植物中，人参属王瑞，与君同相。这是因为，有人参生长的地方就有大雾气团，在阳光照耀下，就可以看到紫色的云雾。紫色，那可是帝王之色，帝王都称自己是天子，是上天象征帝王的紫微星下凡，所以身上得散发出紫微真气的颜色。

来自神山圣水中的人参，早已超脱"物"本身，而是逐渐成为一种载体，甚至一步一步登上神坛。

| 五 |

以形补形

红 参 物 语

讲述中国人参文化成为世界文化遗产的理由

　　人参能得到人们这样的厚爱，离不开它的药效价值，但绝不单单是药效价值。

　　关于养生的饮食，咱们中国人有一套刻在骨子里的秘诀——吃什么补什么，也就是"以形补形"。就好比说家里孩子大考的时候，家长都会不约而同地准备核桃。为啥啊？因为核桃像人的大脑啊，多吃核桃就能补脑。还比如胡萝卜（横断面）像眼睛，吃了眼睛更明亮；芹菜像骨骼，吃了骨头更强壮；蚕豆像肾，吃了补肾……那么人参呢？

　　咱们中国的甲骨文和《说文解字》里，"参"就像"人"形，所以叫"人参"，这和它的"长相"是分不开的。

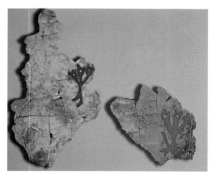

刻在甲面上的"参"字（人参文化博物馆）　拍摄：崔银美

　　人参的芦头（根茎顶端）仿佛人的头；人参的主根仿佛人的躯干；人参的支根仿佛人的腿；人参的艼（人参芦头上的不定根）仿佛人的手臂；人参的叶为掌状叶，与人的手掌相似；人参的果实外形如同人的肾脏；人参的种子从脱落到次年破土发芽，孕育周期如同人类孕育生命的周期，也是10个月。

所以民间有一种说法，人体哪个部位有病，就吃人参与人体相似的那个部位。鲜参叶，"补中带表，醉后食之，解醒"（《纲目拾遗》）。人参花，"阴干为末，和香粉，令妇人傅面，百日光华射人"（《剪灯丛话》）。人参芦头，"能耗气，专入吐剂……昔人用以涌吐者，取其性升，而于补中寓泻也"（《本经逢原》）。

人类与人参，冥冥之中就有很多关联。

（一）人参的功效

早在西汉，黄门令史游写了一部《急就篇》，书中"远志续断参土瓜"中的"参"，就是指人参。

《急就篇》是一部学童书，就是古人教学童识字、增长知识、开阔眼界的字书，这证明在西汉的时候，人参就已经人尽皆知。

我国第一部药学专著《神农本草经》第一次把人参当作药材收入书中，并记载了人参药用的精髓：

> 主补五脏，安精神，定魂魄，止惊悸，除邪气，明目，开心益智。久服，轻身延年。

东汉著名医学家张仲景，结合临床实践，写成了《伤寒论》，论述人参具有温补、滋润、强壮、强精、保温、增强视力、安定精神等作用，还在书中把人参当作补益的药应用在多种病症上。

东汉末年，名医华佗曾用人参治疗吐血，传闻为他所著的《中藏经》中说：

> 吐血下血，因七情所感，酒色内伤，气血妄行，口鼻俱出，心肺脉破，血如涌泉，须臾不救。用人参焙，侧柏叶蒸

焙，荆芥穗烧存性，各五钱为末，用二钱，入飞罗面二钱，以
新汲水调如稀糊，服少顷，再啜一服，立止。

到了明代，李时珍在《本草纲目》中记载：

治男妇一切虚证。发热自汗，眩晕头痛，反胃吐食，痰
疟，滑泻久痢，小便频数淋沥，劳倦内伤，中风中暑，痿痹，
吐血、嗽血、下血，血淋、血崩，胎前、产后诸病。

与李时珍同时代的医学家薛己在《药性本草》中指出，人参
"主五劳七伤"。"五劳"是指久视伤血，久卧伤气，久坐伤肉，久
立伤骨，久行伤筋。"七伤"是忧伤心，怒伤肝，寒伤肺，饱伤脾，
淫伤肾，恐伤志，风雨寒暑伤形。

（二）人参方剂

自《神农本草经》以后，后来的医药学家研发出很多以人参配
伍的方剂。唐代孙思邈《备急千金要方》应用人参方剂358个；唐代
王焘《外台秘要》应用人参方剂576个；明代张介宾《景岳全书》应
用人参方剂509个；明代李时珍《本草纲目》应用人参方剂62个。

很多方剂流传到了今天。比如：由人参、熟地、枸杞子、天
冬、山萸肉、泽泻组成的"消渴饮"，可治消渴症等；由人参、白
术、茯苓、甘草四味基本中草药为主组成的四君子汤，治疗脾胃气
虚；由人参、麦冬、五味子组成的"生脉散"，有益气生津、敛阴
止汗的功效；后又延展出"生脉饮"，由红参、麦冬、五味子组
成，有益气复脉、养阴生津的功效，主治气阴两亏、心悸气短、脉
微自汗。还有心脾同治的"归脾汤"、治脾胃虚寒的"理中丸"，
等等。

最有名的还得数"独参汤"。理论上讲，每一味中药单用都可以治疗相应疾病，但实际上很多药单用效果并不理想，而需要与其他药相配伍才能取得更好效果。所以，一味药成方的少之又少。独参汤就是一味药成方的代表，它的用法极其简单，只用一根人参煮成汤药，哪里有危急重症，哪里就有它的身影，因而被称为"千年奇方"。

正如清代汪昂在《汤头歌诀正续集》所说："独参功擅得嘉名，血脱脉微可返生。一味人参浓取汁，应知专任力方宏。"独参汤起效快，喝下去可以收获补气固脱救危的奇效。

除此之外，许多医学著作也对"独参汤"有明确的记载。比如，元代医学家葛可久撰写的《增订十药神书》记载独参汤：

> 止血后，以药补之。……凡失血后，不免精气怯弱，神思散乱。……故有形者之阴，自注云：宜熟睡一觉，使神安气和，则烦除而自静。盖人之精神由静而生，亦由静而复也。

明代医学家薛凯撰写的《保婴全书》是一部儿科著作，书中记载独参汤主治：

> 阳气虚弱，痘疮不起发，不红活，或脓清不满，或结痂迟缓，或痘痕色白，或嫩软不固，或脓水不干，或时作痒，或畏风寒。用好人参一两、生姜五片、大枣五枚，水二钟，煎八分，徐徐温服，婴儿乳母亦服。

明代医学家张景岳在《景岳全书》中说独参汤：

> 治诸气虚气脱，及反胃呕吐喘促，粥汤入胃即吐，凡诸虚证垂危者。

清代医学家翁藻的《医钞类编》记载独参汤的用处是：

急救元阳。主大惊卒恐，气虚气脱。

总之，在我们中国人眼里，人参很全能。然而，这不禁引人深思：人参的种种神奇效用是否被夸大，乃至被神化了呢？

（三）人参皂苷

1854年，美国科学家首次从人参中分离出人参皂苷，从此掀起了世界各国对人参研究的热潮。

1962—1965年，日本天然药物化学家柴田首先鉴定了各种人参皂苷的结构。

1983年日本天然药物化学家北川勋首次从红参中分离出了20（R）-人参皂苷Rg3和20（S）-人参皂苷Rg3。

2000年我国开发的人参皂苷Rg3成为国家第一类抗癌新药。

2018年，吉林大学生命科学学院博士、教授、博士生导师金英花课题组成功发现了人参皂苷的人类靶点，为人参抗肿瘤作用提供了依据。

这些发现意义重大，因为中医里常说的人参"补气""扶正固本"，像一种玄学，一直没有公认的科学解释，而这些发现就是通过现代科学的方法证明了中医的理论。

人参神奇功效的面纱，被一一揭开。

到今天，我们已经知道，其实人参之所以有如此奇效，主要是因为人参皂苷、人参多糖等几大类活性成分。

人参皂苷，也叫人参甙，是人参所含的最为重要的一类活性物质。目前已经从人参中分离鉴定的人参皂苷有150多种。

需要特别提一下的是，人参皂苷术业有专攻，每种人参皂苷都有自己独特的作用，比如人参皂苷Rh2能够抗肿瘤，人参皂苷Rg3不仅抗肿瘤还能提高免疫力，人参皂苷Rg1能够抗疲劳……

人参多糖主要表现在抗菌、抗炎、抗氧化、抗抑郁、免疫调节上。除此之外，人参还含有挥发油、脂肪酸、甾醇、维生素、蛋白质、多肽等多种有效成分。

经过几代科研人的努力，2020年出版的《中华人民共和国药典》对人参的标准进行了详细规定。

【性味与归经】甘、微苦，微温。归脾、肺、心、肾经。

【功能与主治】大补元气，复脉固脱，补脾益肺，生津养血，安神益智。用于体虚欲脱，肢冷脉微，脾虚食少，肺虚咳喘，津伤口渴，内热消渴，气血亏虚，久病虚羸，惊悸失眠，阳痿宫冷。

这些人参作用的发现，只是目前人类的水平，至于它到底还有什么神奇效果，还要等更多有为人士去发现。

我期待那一天。

|六|

人参生上党及辽东

红 参 物 语

讲述中国人参文化成为世界文化遗产的理由

　　好东西人尽皆知后，过度开发、资源紧缺就成了必然。那么人参都从何而来呢？

　　我们现在说起人参，大部分人都会想到长白山的人参，殊不知，中国人参的辉煌历史，实则远在长白山人参名声大噪之前就已奠定。

　　陶弘景撰写的医药学专著《名医别录》中为后世留下了这样一条记载："人参生上党山谷及辽东。"

　　可见，早在南北朝时期，人参的产地除了辽东，还有上党山谷。

　　上党，就是上党郡。

　　上党郡的郡址，设在壶关（今山西省长治市北），西汉的时候迁到了长子（今山西省长子县西）。上党郡所辖区域相当于现在山西省和顺、榆社以南，沁水流域以东地区，这一地区在南北朝时期改称潞州。

　　潞州，在南北朝之北周宣政元年（578年）设置，州址在襄垣，隋朝开皇时移到壶关，到了唐朝，州址移到上党，再次称为上党郡，管辖相当于现在的山西省长治市的武乡、襄垣、沁县、黎城、屯留、平顺、长子、壶关及河北省涉县一带。

　　北宋崇宁年间潞州上升为府，称为隆德府。到了金代，又恢复了潞州的叫法。明代嘉靖年间再度升为府，又称为潞安府。

因为历史上先有上党郡，后来又改称潞州，加上在朝代更迭中，它的州名、州址及管辖区域等又多次变更，所以历史文献中对上党、潞州按一地异名相待。

在这个地区所产的人参，结合产地命名，便有历史上的"上党人参"（上党参）、"潞州人参"（潞州参）的叫法。

但总体上来说，"上党人参"的叫法在文献中比较多见。

后来有很多不知道这个缘由的人，说上党人参（上党参）就是今天我们所说的桔梗科植物"党参"，明显是不准确的。

同为"上党人参"，也有高下之分。最受古人推崇的上党人参出自"紫团山"，位于上党郡壶关县东南。紫团山顶有一座建于明代初年的白云寺，佛寺中有一块石碑，留下了"紫气团聚，曾产出人参，为潞州属人参之冠"的记载。可以推断，紫团山曾出产过名贵天下的人参。

沿着古老的"太行八陉"，上党人参被运出大山。对于生活在中原地区的人们来说，他们最早认识和消费的人参，主要来自上党。

但从宋代开始，上党人参就逐渐变得稀少，最终到明代，销声匿迹。明代文学家栗应宏在《紫团山游记》中写道："古有参园，今已垦为田亩久矣。"

至少在公元1500年前后，上党人参已经绝迹。

那么上党人参为什么会走向绝灭呢？

有说是森林砍伐。

清乾隆三十五年（1770年）出版的《潞安府志》中载："昔曹魏建邺宫，伐上党山材木，规制极盛。后历代砍伐，加以樵牧日繁，虽深山绝顶皆濯濯所呈。"太行山自古以来就是燕赵大地最重要的木材供应基地，从三国甚至更早的时代就开始砍伐森林，到清乾隆时期，即使到深山里面，山上也是光秃秃的。这个记载说明，森林与人参的关系非常密切。

有说是采挖过度。

上党人参历来有类似于"上党者佳"（《本草从新》）这样的记载，古时政府非常重视上党人参，繁重的苛捐杂税被转嫁到上党参民的头上，造成采挖过度。加上官吏的巧取豪夺，参民把人参作为地方害，不但不敢上山采挖，而且将自家的参园都毁掉了。

还有说是因为"兵火"。

壶关自古是兵家必争之地，大大小小的战争不计其数。在北宋崇宁年间和宣和末年，西夏扰宋和宋金战乱曾殃及这里。

《壶关县志》收录了紫团山附近的碑文，其中屡屡提到"兵火"二字。明代学者周一梧也曾在紫团山一带勘查考辨后认为，离参园咫尺之遥的慈云院被毁的原因"乃宫殿皆委于兵燹"。

人参，喜阴湿冷凉气候，喜腐殖土。过去的紫团山是一片浓密的原始森林，生长着椴树、漆树等高大的乔木。这些树都是夏绿阔叶植物，树干粗大，枝繁叶茂。这里的空气湿度恰到好处，不燥不潮，冷暖适宜，气候温和。还有周而复始的落叶增加了土壤中的腐殖质，涵养了水土。

战火使紫团山高大的乔木丛被毁，人参赖以庇荫的遮挡没有了，阴湿冷凉气候没有了，土壤中的水分、养分也没有了，上党人参从此灭绝。

其实，灭绝的不止上党人参。

按理说，只要在北纬40°~45°、东经117.5°~134°，温度、湿度、土壤适宜的地方都有可能生长出人参。

当时贸易繁荣的大唐，许多外域出产的药物被大量引入，新发现和应用的中药大增，原有的本草著作已远远不能满足医药工业发展的需要，有识之士深感应当修改、充实已有的本草著作。

唐显庆二年（657年），医学家苏敬向朝廷上书，提出重新编修本草的建议。经朝廷采纳后，他组织当时著名的医药学家和官员共22人，以朝廷名义"上禀神规，下询众议；普颁天下，营求药物。羽毛鳞介，无远不臻，根茎花实，有名咸萃。遂乃详探秘要，博综方术"，全力以赴地编写《新修本草》（宋人著作中称为《唐本草》）。其中对于我国人参的主产区有极为准确的记载："今潞州、平州、泽州、易州、檀州、箕州、幽州、妫州并出。盖以其山连亘相接，故皆有之也。"

将唐朝行政区划、地名与现代地图相对照，明确各州的位置，可绘出唐代人参主产区图。

各州相当于现代的辖区是：

潞州，位于今山西长治部分以及河北涉县；

平州，辖境相当于今河北省长城以南地区；

泽州，辖境相当于今山西省东南部沁水、阳城、晋城、高平、陵川等县；

易州，辖境相当于今河北省长城以南，安新、满城以北，南拒马河以西；

檀州，辖境相当于今北京市密云区一带；

箕州，唐代先后更名为仪州、辽州，辖境相当于今山西省左权、和顺、榆社等县；

幽州，辖境相当于今北京市及所辖的通州、房山、大兴，天津市武清，河北省廊坊等地；

妫州，辖境相当于今河北省张家口市及所辖的宣化区、怀来县、怀安县、涿鹿县及北京市延庆区等地。

以现代行政区划而论，唐代人参主产区分布在相当于今山西省中部和南部以及河北省西部和北部地区。

随着上党和其他地方不再出产人参，人们把目光转向了遥远的辽东。

辽东，战国时代燕国之郡名，郡址设在襄平（今辽宁省辽阳市）。东汉安帝时分成辽东、辽西两郡，由辽东属国都尉管理，治所设在昌黎（今辽宁省锦州市义县），辖区相当于今辽宁省西部大凌河中下游一带。西晋时代，辽东又改称辽国。十六国的后燕末期入高句丽，北燕时又设置辽东郡，辖境相当于今辽宁省西部。

与宋朝并立，在东北地区有辽（其国号曾两度称为"契丹"）兴起。

> 次东南至五节度熟女真部族。共一万余户……所产人参、白附子、南星、茯苓、松子、猪苓、白布等物。并系枢密院所管，差契丹或渤海人充节度管押。其地南北七百余里，东西四百里，西北至东京五百余里。
>
> ——《契丹国志》卷二二

《契丹国志》中记载的五节度熟女真部族史称鸭绿江女真，一万余户分布的地区是长白山南系的山区。

女真人采人参，与宋朝开展物物交换，进行原始的贸易活动。

所以说，宋代已经在间接地开发和利用长白山区的人参资源。

明代初年，疆域很大，东北达日本海、鄂霍次克海，北到外兴安岭以北地区，其后退缩到辽河流域。

当时上党人参已经严重匮乏，李时珍在《本草纲目》中作了细致记载："上党，今潞州也。民以人参为地方害，不复采取。今所用者，皆为辽参。"

可见此时辽参成了主力。

到了清代，统治者视长白山及其支脉是"龙兴之地"，视山野甚至一草一木至为"神圣"，为保证长白山区野生人参能长期供应皇族们享用，防止人参资源枯竭，曾对长白山区采取"封禁"政策。乾隆年间还设立了人参垄断专营机构"官参局"，实行各种管理、专营人参的政策和制度。

在官参局的文献中，额尔敏河、哈尔敏河、康萨岭、佟家江、呼兰河、马家河、呼兰峰等区域，均为人参主产区。在盛京、吉林、宁古塔等地设有官参局。

这些史实充分反映了清代人参主产区是长白山区。

由于自然环境的破坏以及过度采挖，上党人参已消失在历史的长河中，只有长白山人参传承至今。

今天我们所说的长白山人参分布在延边、通化、白山等几乎整个长白山的东部，辽宁的千山，黑龙江的张广才岭、大小兴安岭和乌苏里江以东（今属于俄罗斯的远东地区）。

当然主要产地还是长白山。

| 七 |

"奢侈品"人参

红 参 物 语

讲述中国人参文化成为世界文化遗产的理由

物以稀为贵。从唐代开始，购买人参就已成为一种相当奢侈的消费行为。清康熙时期，上等人参每斤就折银22两。

到了乾隆时期，人参的价格就像坐上火箭一般蹿升。乾隆元年（1736年）五等人参每斤涨到65两白银，到了乾隆二十一年（1756年）五等人参每斤竟然高达260两，这个价格别说是普通百姓，就是达官贵族也望而却步。

人参逐渐成了一种象征。

（一）人参是友情

唐代诗人皮日休曾得到一个朋友赠予他的人参，他很感动，于是写诗记载了这件事。

> 神草延年出道家，是谁披露记三桠。
>
> 开时的定涵云液，劚后还应带石花。
>
> 名士寄来消酒渴，野人煎处撇泉华。
>
> 从今汤剂如相续，不用金山焙上茶。
>
> ——唐·皮日休《友人以人参见惠因以诗谢之》

他的大概意思是说，道教创始人老子知道人参能延年益寿，然而谁有寻找和识别老山参的本领呢？山参被挖出来时那么浆气饱满，珍重得还要用苔藓、地衣将它包裹起来，名医将它带来说它能解酒止渴，山里人常把它用清水煎汤喝，如果能将这种汤剂坚持服用下去，就是金山特产的名茶也比不上它。

唐代诗人陆龟蒙也写诗来感谢朋友。

> 五叶初成椵树阴，紫团峰外即鸡林。
>
> 名参鬼盖须难见，材似人形不可寻。
>
> 品第已闻升碧简，携持应合重黄金。
>
> 殷勤润取相如肺，封禅书成动帝心。
>
> ——唐·陆龟蒙《奉和袭美谢友人惠人参》

从他的诗里我们可以知道，当时得到人参如同获得黄金一般。

还有人买不起人参，就去借人参的。唐代文学家段成式曾给好友周繇写诗求取人参。

> 少赋令才犹强作，众医多识不能呼。
>
> 九茎仙草真难得，五叶灵根许惠无。
>
> ——唐·段成式《寄周繇求人参》

段成式对周繇说，人生来就先天不足，虚弱的身体真是难以支撑，许多有学问的医生对此也无可奈何，就是珍贵的人参真是难得，你能惠赠给我一些人参吗？

周繇送给段成式人参，并回了一首诗：

> 人形上品传方志，我得真英自紫团。
>
> 惭非叔子空持药，更请伯言审细看。
>
> ——唐·周繇《以人参遗段成式》

周繇说，人参已被《神农本草经》列为上品，他从紫团山那里获得真山参，不知道有没有作用，谨献给兄长来品评细看吧。

（二）人参是权力

连有头有脸的人物都为买人参犯愁，更别说平头百姓了，所以人参资源越来越集中。

爱新觉罗·弘历，也就是乾隆皇帝，在位六十年，退位后还当了三年太上皇，实际掌握最高权力长达六十三年零四个月，寿享八十九，是中国历史上执政时间最长、年寿最高的皇帝。《清帝外纪》载，乾隆皇帝八十三岁寿诞时，有一位外国使节觐见后，在日记中这样描述了乾隆皇帝的风姿："观其风神，年虽八十三岁，望之如六十许人，精神矍铄，可以凌驾少年；欲食之际，秩序规则，极其严肃，殊堪惊异。"乾隆皇帝八十岁高龄还能骑马围射，年近九十还神志清醒，活动自然，身体之健壮令人称奇。乾隆皇帝的长寿秘诀概括起来是十六个字："吐纳肺腑，活动筋骨。十常四勿，适时进补。"

除了坚持运动练功之外，此处适时进补之物到底为何物？

清宫药养之品，首重人参。乾隆皇帝曾将人参称为"仙丹"，还亲笔写过一首《咏人参》的诗，诗中说："性温生处喜偏寒，一穗垂如天竺丹。"说明乾隆皇帝很注意用人参补养身体。

自乾隆六十二年十二月初一始，至乾隆六十四年正月初三止，皇帝共进人参三百五十九次，四等人参三十七两九钱。

——《上用人参底簿》

这样算来，晚年的乾隆皇帝每次进补人参有5克之多。

晚清实际掌权者慈禧太后也是一位人参爱好者。慈禧太后十分讲究养生驻颜，且取得了相当的效果。慈禧太后宠爱的御前女侍官裕德龄在她的著作《御香缥缈录》中就曾记载慈禧太后："年六十时，红颜未衰，望之若四十许。"

　　自二十六年十一月二十三日起，至二十七年九月十八日止，计三百三十一天，共用嚼化人参贰斤壹两壹钱。今问得荣，八月皇太后每日嚼化人参一钱，按日包好，俱交总管过永清、太监秦尚义伺候。

——《慈禧太后医方选议》

　　通过这些清宫档案，我们可以评估当年乾隆皇帝、慈禧太后服用人参来保健养生。那时候，御医们如果没有确切的理论依据和实践经验，不可能给开出上述方子，因为如果吃坏了身子那可是要命的。

（三）人参是皇帝的关怀

　　清朝皇帝对人参非常崇拜，人参也成为皇帝赏赐给宠臣、内宫的上佳礼品。

　　乾隆三年（1738年），大学士嵇曾筠奏称，旧恙尚未痊愈，等到新巡抚到任之后，就回老家调理，希望等到调养好身体之后，再为国家效力。乾隆皇帝批准了他的请求，还特旨赏赐人参十斤，作为医药之用。

　　乾隆四年（1739年），河东河道总督白锺山因病辞职，乾隆皇帝感念他的鞠躬尽瘁，很不忍心。于是赏赐人参，并派太医去给他看病，希望他早日康复。

　　乾隆十年（1745年），额驸策凌的母亲生病，乾隆皇帝就下旨召回了额驸之子车布登扎布，前往探视，并派御医去探视，赏赐人参一斤。过了一个月，御医说额驸策凌母亲病重，还得需要服用人参，乾隆皇帝又特别赏赐了一斤人参。

　　人参，除了赏赐给臣子，有时也会赏赐给礼部推举的民间楷模。比如雍正六年（1728年），山东巡抚奏报，一位商河县民的妻子，眼下要过一百岁大寿，但是她的丈夫刚去世不久，所以决定等过了服丧期再庆祝。雍正皇帝觉得她值得表扬，所以表彰她"心明大义、高年淑范"，并赏赐了绸缎二端、貂皮四张、人参二斤。

（四）人参是孝道

早有传说，人参是神灵赐予孝子救母的仙草。唐代史学家姚思廉所编著的《梁书》中就有所体现。

> 孝绪七岁，出后从伯胤之。胤之母周氏卒，有遗财百余万，应归孝绪，孝绪一无所纳，尽以归胤之姊琅邪王晏之母，闻者咸叹异之。……后于钟山听讲，母王氏忽有疾，兄弟欲召之。母曰："孝绪至性冥通，必当自到。"果心惊而返，邻里嗟异之。合药须得生人参，旧传钟山所出，孝绪躬历幽险，累日不值。忽见一鹿前行，孝绪感而随后，至一所遂灭，就视，果获此草。母得服之，遂愈。时皆叹其孝感所致。
>
> ——《梁书》（卷五一）

这是距今1500多年前，南朝时期的隐士阮孝绪在深山中为母搜寻人参治疗急病的传说故事。阮孝绪是个大孝子，与母亲心灵相通，感情深厚。为了治愈母亲的疾病，不顾一切深入险峻的深山寻找珍贵的人参，一路上经历了无数的艰险和困苦。他的孝心感动神灵，一只白鹿现身，引领他最终找到了人参，顺利带回家中治愈了母亲的病。他的孝行不仅感动了世人，也深深影响了后世，让人参成为孝顺的象征，传颂千古。

（五）人参是国礼

清政府有时也会赏赐人参给藩属国的国王，以显示帝国的雄厚国力。

乾隆五十五年（公元1790年），按察使汤雄业按照规定拆阅了安南国王阮光平寄给诗人阮宏匡的信，大学士福康安因而得知阮光平的母亲年老体弱，想从天朝购买人参，但不太方便实言相告，希望天子能够赏赐。

福康安读懂了阮光平的意思，私下派人准备了四两人参，托汤雄业转交给阮光平。

乾隆皇帝知道了以后，道：

> 俾该国王将母有资，安心入觐，虽与朕意符合，但人参为内地贵重之物，前于孙永清奏到时，朕加恩赏给一斤，福康安又先酌给四两，若似此有求必遂，无所节制，伊转视为泛常，无足轻重，福康安亦不可不稍为留意。俾阮光平知人参实非易得，而天朝格外优赉，更可坚其向化之诚也。将此谕令知之。
>
> ——《乾隆朝上谕档》第十五册

从乾隆皇帝的话里，不难发现，对乾隆皇帝来说，人参是一种很贵重的物品，取得相当不易，并非随便就可以赏赐给大臣或者藩属国的。人参的赏赐，除了表达大朝天国的格外照顾，还可以坚定藩属国对天朝的向化之心。

可以看到，人参已经在古人的生活中占据一席之地，下至平民百姓，上至帝王将相，无不对这个"延年益寿""起死回生"的神奇植物宠爱有加。

|八|

流布四方

红 参 物 语

讲述中国人参文化成为世界文化遗产的理由

人参需求多，供应少，自然不可避免地促使野山参走向枯竭。正当人们急切地寻求破解之道时，一些"新物种"开始登场。

（一）西洋参

明末清初，众多欧洲传教士来到中国之后，开始了解人参，并将相关知识传回欧洲。比如1696年，法国传教士李明在巴黎出版的《中国近事报道（1687—1692）》中，比较详细地描述了人参的形状、味道、药效等，他写道：

在所有的滋补药中，没有什么药能比得上人参在中国人心目中的地位。人参味甘讨人喜欢，虽然有一点苦味，但药效神奇。可清血、健胃，给脉弱增加动力，调动人体自身的热，并同时祛除体内的湿。医生们谈起它的功能真是滔滔不绝。

可见，此时已有人向西方社会宣介了中国人参，强调了人参在中国药谱中的地位。

在康熙四十八年（1709年），来华传教士参与了《皇舆全览图》的测绘工作，法国传教士杜德美奉命测绘鞑靼地图，他在一个"距高丽王国仅四法里之遥的"村子里见到了人参，还亲自体验了人参的功效。

我服用了半支未经任何加工的生人参；一小时后，我感到脉搏跳得远比先前饱满有力，胃口随之大开，浑身充满活力，工作起来从没有那样轻松过。不过，当时我并不完全相信这次试验，我认为这一变化或许起因于我们那天休息得较好。然而，四天以后，我工作得精疲力尽，累得几乎从马上摔下来，同队一位中国官员见状给了我一支人参，我马上服用了半支，一小时后，我就不再感到虚弱了。从那时起，我好几次这样服用人参，每次都有相同效果。

——《耶稣会士中国书简集》第二卷

这件事情被杜德美记录在给印度和中国传教区总巡阅使的信中，还附上了他画的人参图，并且推测在地理相似的别的地方也有可能发现人参，他在信中指出：

大致可以说它位于北纬39度与47度之间、东经10度与20度（以北京子午线为基准）之间。这里有绵延不绝的山脉，山上和四周的密林使人难以进入。人参就长在山坡上和密林中……这一切使我认为，若世界上还有某个国家生长此种植物，这个国家恐怕主要是加拿大，因为据在那里生活过的人们所述，那里的森林、山脉与此地的颇为相似。

——《耶稣会士中国书简集》第二卷

杜德美的这封信发表后，影响很大。

当时正在加拿大传教的拉菲托，根据杜德美所画的人参图，发现了人参，并命名为加拿大五加-中国人参-易洛魁加朗多刚。1718年，拉菲托在巴黎发表文章《有关在加拿大地区发现珍贵植物鞑靼人参的调查报告，敬献给尊贵的王室大人法兰西王国的摄政王奥尔良公爵殿下》，不仅正式宣布加拿大有人参，还清晰地预见将人参卖到中国的可行性。

但当时拉菲托的预见并没有受到重视，直到1720年左右，印第安人和法国移民才开始采集西洋参，并在一家法国贸易公司的帮助下销往中国。

据记载，1750年法国运到广州40担人参，1764年又运来28.7担。后来，英国等国也纷纷加入向中国贩运人参的大军。有资料显示，1770年英国的人参采集版图逐渐扩展到整个北美大陆，从美洲殖民地，包括纽芬兰、巴哈马群岛、百慕大群岛等地大量出口货物，其中人参出口量高达74,604磅，使英国一跃成为当时对华贸易量最大的西方国家。直到1784年，一艘名为"中国皇后"号的美国商船满载着473担人参驶向中国，英国因距离成本劣势逐渐在人参贸易市场中失去了竞争力。（《亚太传统医药》第19卷第12期）

当时，中国人并不知道加拿大人参的真实产地，只是模糊地知道它产自法国，成书于1757年的《本草从新》收录为"西洋人参"，并写道："出大西洋佛兰西。形似辽东糙人参，煎之不香，其气甚薄。"

（二）俄罗斯参

俄罗斯人参主要分布在其远东地区，特别是乌苏里江以东的支流伊曼河的原始森林中。这里原属中国领土，长白山核心区域，这一带，人参资源十分丰富，这在俄国地理学家阿尔谢尼耶夫的游记《在乌苏里的莽林中》中已有清晰记载：

我从他那里得知，沿伊曼河往下再走约4公里，有一条叫内出河的大河注入了伊曼河。这条支流几乎有一半流过老房子的低洼地，低地两侧是塔头沼泽，沼泽里疯长着野草和枯萎的灌木丛。据他说，内出河曲折多弯。从离伊曼河40公里远的地方开始就是茂密的混交林带，然后是火烧迹地和森林沼泽。内出河的支流黑泥道河以盛产人参远近闻名。

（三）高丽参

李时珍在《本草纲目》中记载："其高丽、百济、新罗三国，今皆属于朝鲜矣，其参犹来中国互市。"

高丽参与中国人参是同种植物，高丽参这个名称随着高丽历史及地理的变迁，包含的意义也发生了多种变化。

历史上有两个高丽。

一是高句丽国，公元前1世纪至公元7世纪的中国古代边疆政权，地跨今中国东北地区与朝鲜半岛北部。南北朝时期改称高丽，又称高氏高丽。陶弘景《名医别录》："高丽即是辽东。"

另一个高丽指的是高丽王朝（又称王氏高丽），建于公元10世纪，是朝鲜半岛古代国家之一，与高句丽并无继承关系。所以，高丽参最早是指中国高句丽进贡的人参。

（四）东洋参

日本的人参叫东洋参。

据近代日本学者研究，日本自古没有野生人参。

人参，日本所无，在昔日一枝人参之价值，与女子之身价相等……本邦之创植人参，始于德川三代将军家光之时，从朝鲜

而得种子，始植于野州日光，其后会津藩以种子栽培之，称为御
种人参。

——《中国医药论文集》

可见，日本直至近世德川幕府时期才从朝鲜半岛引进人参种子
并在本土栽培。

事实上，早在8世纪，日本就已经开始接触并了解人参。

701年，日本制定了医药律令《大宝律令·疾医令》，其中规
定医学生的必修书中有《新修本草》，里面有关于人参的记载。

740年，渤海国副使己珍蒙等渡海前往日本，向日圣武天皇呈
国书，赠礼物。其国书曰：

> 钦茂忝继祖业，监总如始，义洽情深，每修邻好。今彼国
> 朝臣广成等风涛失便，漂落投此，每加优赏，欲待来春放回。
> 使者苦请及年归去，诉词至重，邻义非轻。因备行资，即为发
> 遣。仍差若勿州都督胥要德充使领广成等，令送比国，并附大
> 虫皮、黑皮各七张、豹皮六张、人参三十斤、密（蜜）三斛
> 进上。

——《渤海国编年史》

中日两国之间的人参渊源还与唐代的一位高僧有关。

他就是被日本人尊称为"天平之甍"的鉴真大师。远赴日本的
鉴真大师，不仅带去了佛法，还带去了中国在医药、建筑、文学、
书法等方面的知识和成果，特别是鉴真大师把中药的辨认鉴定、加
工炮制、配伍应用、贮藏保管等知识，亲自传授给日本弟子，并留
了一卷《鉴上人秘方》，推动了中医学在日本的流传与发展。

据说，鉴真大师曾将一棵人参带到日本，这棵人参至今仍保存

在奈良正仓院中，这很可能是目前世界上现存年代最为久远的人参实物。

（五）走向世界

随着人工栽培人参技术的普及，中国出产的人参开始大量向海外输出。

1861年，营口正式开港，它是距离东北内陆最近的出海港，东北生产的稻米、大豆、高粱开始向这里汇集，带来商业的繁荣与兴旺，使营口被誉为"关外上海"。营口还是人参最大的集散地，每年大量的参货运到营口进行交易，而人参的主要来源地，就是位于长白山西北麓的抚松。

> 民国三年，三岗营参园参业共七百四十余家，年可出参二十八万斤，每斤能值炉银五六两，出产额约占全国十分之七，总销营口，分销全球，实为我国特别之出产。
>
> ——《抚松县志》

当年，营口港内舳舻云集，一箱箱人参被运上商船，然后运往天津、上海、广州，再远销至日本、东南亚。

可以说，人参文化从长白山本土已经走向世界，这是东北亚丝绸之路所辐射出去的人参文化的结果。

遍布全球的人参，也使人参所承载的文化意识与文化内涵流布四方。从泥土中生长的人参，带着它最淳朴的气息，走向远洋贸易的商船，走向城市的千家万户，带给世界健康、希望与繁荣。

世界人参分类

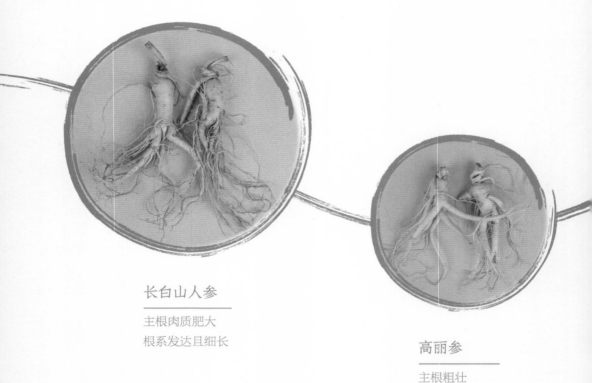

长白山人参

主根肉质肥大
根系发达且细长

高丽参

主根粗壮
支根侧根少

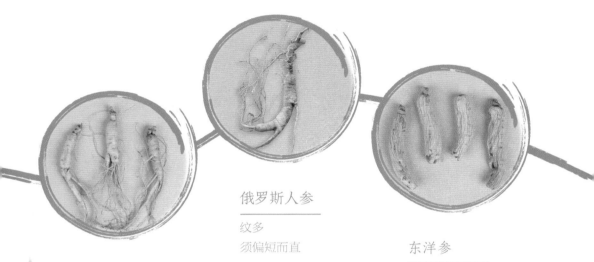

俄罗斯人参
——
纹多
须偏短而直

西洋参
——
主根短小
呈圆形或纺锤形

东洋参
——
直根肉质粗大
根茎笔直

|九|

献给远方的贡品

红 参 物 语

讲述中国人参文化成为世界文化遗产的理由

713年，粟末靺鞨族首领大祚荣被唐王册封为"渤海郡王"，实力最强大的时候，其疆域包括今天吉林省绝大部分、黑龙江省东半部、辽宁省东北部，以及朝鲜东北部、俄罗斯滨海边疆区，疆域面积近一百万平方公里，下辖五京、十五府、六十二州、一百三十余县，人口超过三百万，被誉为"海东盛国"。渤海国非常仰慕大唐，几乎每年都要向大唐进贡。

进贡，就是为那里的帝王供奉当地的土特产。土特产就是当地

渤海中京城遗址五号宫殿　拍摄：王良玉

渤海中京城遗址　拍摄：王良玉

人民对中原王朝的一种敬仰，把最好的东西带给他们。而那时带给中原的是什么呢？

《册府元龟》卷九百七十二记载："明宗天成元年四月，渤海国王大諲譔遣使大陈林等一百一十六人朝贡进儿女口各三人、人参、昆布、白附子及虎皮等。"

据北宋王溥所撰《五代会要》记载，渤海国时期进贡到中原的贡品有六项：第一，人参；第二，虎皮；第三，松树籽；第四，白附子；第五，昆布；第六，儿女口。

千里迢迢从北土运往遥远西土长安的这些东西都是什么呢？

（一）人参

据史料记载，仅从唐中宗神龙元年（705年），到五代后唐天成元年（926年）的两百多年中，渤海国先后来到中原朝贡94次，在众多贡品中，长白山人参始终被列为首位。

那时东北成为野山参的主产区，但随着上贡量的需求越来越大，结果在很短时间内辽东近处的人参几乎被采尽了。老百姓交上来的人参越来越少，怎么办？

移种人参！

《晋书·卷一百四·载记第四·石勒上》记载："所居武乡北原山下草木皆有铁骑之象，家园中生人参，花叶甚茂，悉成人状。"这是中国最早有据可查的人参栽培，也是我国最早的"移山参"栽植，移山参，就是把小野山参移植到田间地头栽种，便于管理。

到了唐代，人参移栽的现象比较广泛。

> 药味多从远客赍，旋添花圃旋成畦。
>
> 三桠旧种根应异，九节初移叶尚低。
>
> 山英便和幽涧石，水芝须带本池泥。
>
> 从今直到清秋日，又有香苗几番齐。
>
> 净名无语示清羸，药草搜来喻更微。
>
> 一雨一风皆遂性，花开花落尽忘机。
>
> 教疏兔镂金弦乱，自拥龙刍紫汞肥。
>
> 莫怪独亲幽圃坐，病容销尽欲依归。
>
> ——唐·陆龟蒙《奉和袭美题达上人药圃二首》

陆龟蒙是农学家，隐居松江甫里，有田数百亩，在顾渚山（今浙江省湖州市长兴县西北）下经营茶园。他把远方客人赠送来的人参栽种到他的药圃，从立春起第90天把人参移栽到山间溪谷旁边，移栽时必须用苔藓包裹好，还要带点原产地的泥土，才能保证移栽后成活。

由此可以推论，渤海国向大唐朝贡的个头大、份量重的人参，可能已采取了移栽的办法。

移参窗北地，经岁日不至。

悠悠荒郊云，背植足阴气。

新雨养陈根，乃复佐药饵。

天涯葵藿心，怜尔独种参。

——南宋·谢翱《效孟郊体七首 其二》

诗中指出为适应人参的生态习性，移栽时要选择背阴的地方。"乃复佐药饵"说明在南宋的时候，我国不仅栽培人参已经有相当成功的经验，而且移栽人参已经从观赏过渡到药用了。

到了清代，朝廷将吉林人参列入主要贡品，交纳数量累年递增，采办贡品的衙门和地方官吏即使向民间施重压，也难以如数交差，于是"秧参"应运而生。"秧参"即我们现在所说的园参，就

长白山鲜人参　拍摄：崔勋

是采集人参种子在开辟的参园里进行人工播种管理。

清政府对野山参的培育开始是反对和限制的。

《吉林省编年纪事》提到：嘉庆七年（1802年）吉林等地采参人日众，山场参苗渐少，吉林将军秀林奏请歇山护苗和栽种参苗，清廷以正值放票之年，且栽种参苗系属违禁，令不得歇山，照例放票采参。

但是，随着清廷不断调查、研究、考证，他们也渐渐地认识到由野山参转化成园参的驯化，确实是保护自然和认知自然的一种良法，而且秧参那时已具备与野山参相近的疗效和品质。

至此，长白山人参开始了大规模的野山参驯化的历史。至今在抚松的漫江、松江河、泉阳、仙人桥、东岗、抽水、露水河一带的山坡间还能发现一处处清朝时期栽种人参的"老池底子"和"林下参"遗存和遗址，这是人类认知自然并将野山参驯化过程的珍贵自然遗存和文化遗存。

> 掘成大沟，上搭天棚，使不日，以避阳光，将参移种于沟内，二三年内始生苗，将苗挖出倒栽地下，以其生殖力向下，故灌溉芦头，使其肥大，以壮美观，七八年间长成。

> 种参之圃名曰参营，凡三种：一为苗圃，发参苗用；一为第一本圃，发苗后移种用；一为第二本圃，移栽三年后再行移栽用。地址选择向阳斜地面，每圃垒土为畦，高二尺，宽五尺，用质软、色黑的腐质土，施以牛马粪，搅周布细，每畦距三尺，以资排水，而便人行。每畦周围树木架，盖上木板，前高后低，以便流水，称板子营，每年可在春秋两季揭板向阳三～五次，放雨一～二次，皆有程期。

> 人粪尿、木灰、堆肥。每亩地用木灰五六百两，堆肥
> 三四百斤，人粪尿四五百斤。用三分之一做基肥，另三分之二
> 作补肥，分三四次施之，以助其生长。
>
> ——清·唐秉钧《人参考》

由此可见，不论是整地、做畦、施肥、追肥，还是移栽，清朝时期就已形成较为系统的一套人参栽培方法，这在当时可以算得上居于世界领先地位了。

（二）虎皮

虎皮，顾名思义就是老虎的皮，中原王朝的贵族统治者对于虎皮有着特殊的热衷。

最早关于虎皮交易的记载是在春秋时期，管仲向齐桓公进言："臣闻诸侯贪于利，勿与分于利。君何不发虎豹之皮、文锦以使诸侯，令诸侯以缦帛鹿皮报？"（《管子·霸形二十二》）在这里，虎豹的皮被用来当作一种以物易物的"币"。可以看出，虎皮在春秋时期就已经作为一种商品来进行流通了。

虎皮还被少数民族作为向中原王朝进贡的贡品，以换取封赏，免受战争之灾。

渤海国所处的长白山地区多产老虎，特别是品种优良的东北虎，因为虎皮样式华贵，质量优良，深受贵族们的推崇，当属朝贡的佳品。

（三）松树籽

松树籽，又称松子，就是松树的果实，可食药两用。远在汉

代，关于松子的功效就在民间被渲染得神乎其神，产生了很多关于吃松子长生不老或成仙的传说。

唐·李珣《海药本草》（果米部卷第六）记录松子为："味甘美，大温，无毒。主诸风，温肠胃。"可以食用的松子种类有华松子、云南松子、偃松子和红松子，其中产于长白山区的红松子因体大味美而最为珍贵。

从唐朝到清朝，长白山区的红松子一直是重要的贡品。

（四）白附子

白附子，其实是一种毒药，这是长白山里一种独特的草药。

此草细长，短叶，成熟以后呈白色，将其在秋季霜降时采下，晾干，上锅熬后，化作白浆。

此浆是一种恶毒，如果涂抹在扎枪头或箭镞上，只要伤及皮

白附子　拍摄：崔银美

肉，便可毒死对方，它与产在海南岛上的"见血封喉"（也叫箭毒木、火药树）一样是战场上使用的上好武器，而只有长白山白附子草的浆才能达到如此绝效。

白附子草多产于柳河、辉南、濛水一带的山崖峭壁上，渤海国设许多部落专采此草，称为白附子部。

唐王极喜此草，所以，每次驮子（驮着货物的牲口）到达长安，白附子货物是不得缺少的。

这些驮子要在每年冬雪落地前赶到丰州（今抚松），再从这里出发，以便在来年四月二十八鸭绿江开江前赶到神州（唐渤海国置，为鸭渌府治，辽改为渌州），然后在临江搭船西去。

（五）昆布

昆布，是产于海参崴的一种海菜。海参崴，从辽东看这里称东海湾；如从宁古塔望去，这里又称南海。这儿的海菜独特无比。昆布又称"海布"，指它像家织的布子一样又长又宽、又厚又软，散发着浓浓的大海气息，也称"海带"。

采这种海菜，称为"拧"，形容人手如铁钳子一样，去掐，去拧。渤海国时期，渤海王专门在海东诸岛设有很多部落，以叉海参、拧海带为业。

这些人勇猛无敌，一头扎入深海，他们从岩石上将海带根割断，再一条条背上水面，以船载往岸边，将海带铺在草甸上晾干，然后卷成一个一个海带卷，称为"昆布卷"。

昆布卷往往以20斤、50斤、100斤为一卷捆，外以芦席捆扎，垛码在马背上，称为"昆布驮子"。这些昆布驮子往往从夏秋便从

昆布　拍摄：崔银美

珲春或海参崴一带起程，必须在早春赶到丰州，以备结队在神州上船，不得有误。

（六）儿女口

从前，唐王喜爱北土之人，特别是童男童女。儿女口，就是童

儿女口驮子　剪纸：关云德

男童女，往往是一对一对年龄在5~8岁的男女小童，他们面如桃花，活泼可爱。他们被送到长安，多为达官人家认领，收养；也有的被唐王送到各司府学艺、学技，许多人后来成为名家；也有长大学成后重归北土，成为"留唐生"。

儿女口多选于那些家庭人口齐全、教养有素、长相清俊、性情活泼、善于歌舞的男童女童，坐在垛子柳筐中，正月随马队出发，奔往临江，再登船过海，去往长安。

渤海国万里迢迢向大唐进贡的贡品，本来不止人参，可后人偏偏叫"人参朝贡道"，可见"人参之贡"已深入人心。

|十|

为"道"而成的地方

红 参 物 语

讲述中国人参文化成为世界文化遗产的理由

　　重走朝贡道的路上，我在地名内涵和口口相传的故事里，去品味那段历史和文化，特别是长白山抚松，那时抚松属于五京十五府六十二州的丰州，州下又辖一百三十县。

　　据《抚松县文物志》记载，渤海国"朝贡道"在抚松境内的走向，应该是从鸭绿江口逆流舟行至神州后，弃舟陆行。然后从神州的二道沟河谷逆流而上，经闹枝乡及所辖的菜园子村，然后进入松树镇境内汤河流域的永安遗址，再从永安遗址沿汤河右岸下行进入

考察渤海国朝贡道新安遗址（右二为笔者）　拍摄：周长庆

抚松县境内仙人桥镇的温泉和大营遗址，行至汤河与头道松花江交汇处的汤口遗址。

运送贡品的马帮驮子队，食宿休息完后，本应沿头道松花江左岸下行，但因两岸悬崖峭壁，山险水急，波涛汹涌，无路可行。无奈只得避开大江，从现在的靖宇县穿越山谷，途经榆树川，出三道花园沟口。然后，在江面宽阔、水浅地带涉水过头道松花江，由南门直奔现在的抚松新安丰州古城。

队伍从新安古城再起程时，继续避开头道松花江，沿北沟沟底穿行，北上至现在的抽水乡和兴参镇，进入二道松花江流域。之后顺左岸溯流而上，路经新屯子、北岗、露水河、沿江等乡镇村屯，进入大蒲柴河，然后直达渤海国敖东城。

文史专家高振环在《抚松县文物志》中《远去的历史风景》一章这样描写道："又有谁能想到，千年之前，竟在这幽深的峡谷中，行进着一支庞大的商旅，悠扬悦耳的铃声在古老的深山峡谷中回荡。""驿路上，龙旗前导，满载的马帮驮队前后相衔，铃声叮当，马蹄响亮，队伍逶迤数里，护卫的兵丁甲光闪耀。"这段文字写出了当年马帮驮子队在弯弯曲曲的朝贡道上那种自得、悠扬、浩荡、威武、雄壮的气势，还有抚松昔日的繁华。

文化生命史可以跨越千年，从远古走来，穿过今天，走向更加遥远的未来，仿佛是唐渤海朝贡古道上传来的浓浓的古驿气息，让人感受到唐风古韵的存在。

如今那些唐风古韵真的成了歌谣和故事了。这些民间文化、行业习俗时时在这条人参古道上流传着，这些"道上"的事儿，充满了新奇色彩。

黑夜，不论夜有多深，有人敲门、喊门，主人问："你是谁呀？"只要来者答"道上的"，主人必得开门。常常也有"拉杆子"的家伙们（土匪、胡子、响马、马贼）趁着月黑风高到新安吃口"道上饭"的习俗，这口饭好吃，他们白天不敢进屯子，夜里便以小股人马闯进屯里人家住一宿，吃点喝点就走，他们也不太敢胡作非为。一是他们属于在荒山野林游荡的游子，其实也离不开村屯人家，过于放肆的话日后对人对己都无好果子；二是这条道也是他们常来常往的道，人过留名，雁过留声，人过不留名不知张三李四，雁过不留声不知春夏秋冬。走道有影，说话有声，他们也怕在道上留下不好的念想，终日被人耻笑咒骂，不得安生，所以并不在道上各驿过度造次。

古道民风过于淳朴，也使歹人在这条道上心虚。在这里，早已有老俗，在外行走之人，只要渴了、饿了，你进屋上炕就吃饭，没人撵你。如果人家家里没人，那你就得自己动手做饭了。

但做饭时两样东西你别动：一是酒，二是红糖。

在这条道上的人家，酒不是专门给人喝的，是人家用来杀菌治伤的药（当然，主人让你喝是另一回事）；红糖是人家留给女人生孩子后熬小米粥拌进去喝的。别的一切食物，任其所用。

吃完饭离开人家时，要在地上捡起一根草棍儿，别在人家门上。道上的人家出去办事回来只要发现自家的门上别着一根草棍儿，往往便会惊喜地叫道，呀！咱家来"且"（客人）啦！

道上，也常起误解。有这样一个传说：

某年，一个叫秦栓柱的"驿书"（专门在道上传送驿书驿信之人）新上任，也不太知道道上之事，他从上京（镜泊湖）起步，奔往西京鸭渌府，从那儿奔海坐船到山东蓬莱，再上岸去往长安。驿书骑马传书奔跑了一天，大汗淋漓，来到丰州时已是又饥又渴，气喘吁吁，想先找口水喝，就见一个老妈妈正在院子里打黄豆。

旁边一堆豆粒儿闪着黄澄澄的光芒，又一堆蓬蓬松松的豆秆碎末堆在一旁，老妈妈正举着一把连杆（一种上部能悠动的农具）"啪嗒、啪嗒"地打着。

老妈妈抬眼一望，是道上的公驿，知道他要水喝，就忙放下手里的农具说，稍候。老妈妈快步进了屋拿出一个葫芦瓢，又在门口一个盛满清水的木桶里舀了一瓢清水，驿书这时舔舔已干裂的嘴唇，看着她手里的那瓢清水，想着那瓢凉水如果一下子喝下肚去的清爽滋味儿，禁不住享受得眯上了眼睛……

谁知，就在他睁眼一看时，那老妈妈却在端瓢经过她那堆打豆剩下的柴堆时，突然顺手从上面抓了一把碎豆皮儿撒在那瓢清水上。驿书原本美滋滋地睁开眼睛等着痛快地喝下那瓢水，见那老妈妈递上来的是一瓢漂着碎豆皮儿草末的水时，心里这个气呀，心想，你这是欺负我这个初上道的人哪。

再一看，老妈妈却笑眯眯地扭过头，以袖掩面低声说道，快喝了吧，渴坏了吧。驿书心下暗骂，多坏心眼的人哪，欺负外来人不说，还说得如此好听。

可是，气是气，骂是骂，口渴难耐，于是他只好接过这瓢漂荡着草末子的水，边吹着上面的草末边慢慢去喝，心中却想，你等着，等我从长安回来，我定要到临江西京鸭渌府告你，告你个欺负道上驿书之罪。

喝完这瓢水，他把葫芦瓢往地上狠狠一摔，打马走了。临走，他甩下一句话："你给我等着，刁蛮女人！"

那时从西往东、从东往西各条道上都有一个规矩，道上的村屯家家都是"驿舍"，不单分客店、客院，各家都有接待南来北往驿夫、驮子、马帮的役务，而且只有热切款待，决不可怠慢。如有谁人谁家胆敢怠慢或惹怒了道上的，将处以重罪，渤海国律法专有"道律"，对触犯朝贡道之罪者将严惩不贷。这个老妈妈见驿者摔瓢气呼呼走了，吓得一屁股坐在地上。

当年，从西京去往长安要隔年而返，驿者往往是在头一年雨季没来临之前的春季或雨季结束之后的秋季才上路，以便平安，到第二年的这时才能返回原地，而驿车和驮子队迂返就更慢了。这驿书秦栓柱是第二年的秋天这个时候才从长安经蓬莱到达西京鸭渌府，又来到丰州时已是深秋。

驿书来到去岁摔瓢人家，却已物是人非。

踏娘　绘图：王柳

驿书站在人家墙外，却见一女子手捧一封书信送予他，原来那老妈妈是这女子的母亲，已于今夏过世，在世时一再让家人定要向驿书解释，她往清水中撒一把碎豆皮儿草末，是为了让他边吹边喝，别炸了肺。

古驿人家，一片好心却成了驴肝肺。秦栓柱懊悔莫及，因为他在去往长安的路上，已通过鸭渌府驿档官将那老妈妈的儿子发配出苦役，女儿发配去了"踏院"，成为"踏娘"，以跳"踏锤"为役。

我是在冬天来到了长白山腹地的抚松，古时驿车和驮子队出发是在春天，残雪已经化尽了。可他们从各家出来到丰州却必须在如我们这时一样的冬季，要顶风冒雪来到丰州集合。

大山里，冬雪停飘之后，白色刺目，人踩在洁白雪上的脚印成为一片片污物，与自然不协调，但那嘎吱嘎吱踏实的踩雪声让人联想起久远岁月前的繁荣，无数的驮子驮着林林总总的方物来到这山里，清点完驮帮货物，又重新编排驮子，定好启程日期和时辰，分别去往四方，人马均须踏雪而行。

站在抚松的风雪里，面对冰封雪冻的头道松花江，人会突然沉静下来，这时候，记忆穿越风雪，那曾经的历史一下子鲜活起来。

渤海王追求舒适奢侈的中原宫廷日子，他要带上礼物去那个神圣的长安，这使得渤海国与唐建立了血肉的联系，贸易活动的空前繁华，使渤海国与周边民族、国家的往来出现了前所未有的密度。在这里，驿道穿越北方，通达四方，到达中原，甚至翻越帕米尔高原，到达中亚、西亚。

那时的抚松，肯定整日都能听到马帮、驮帮帮头的吆喝声，还有驮子"咴—咴—"的叫声吧。

| 十一 |

古道骡马蹄声远

红 参 物 语

讲述中国人参文化成为世界文化遗产的理由

纵观整个东北历史，渤海国与中原地区的交流融合从来就没有停止过。渤海国很早就接触了中原文化，渤海文化又继承了靺鞨文化的传统，并受到高句丽、契丹、突厥等民族文化的影响。这一时期的文化表现出强烈的唐文化烙印，充分体现了"车书本一家"的文化特征，成为具有一定民族特征和地方色彩的唐文化组成部分。

> 疆理虽重海，车书本一家。
>
> 盛勋归旧国，佳句在中华。
>
> 定界分秋涨，开帆到曙霞。
>
> 九门风月好，回首是天涯。
>
> ——唐·温庭筠《送渤海王子归本国》

晚唐诗人温庭筠的诗，述说了渤海国与唐朝的一体关系，赞誉了渤海国接受中原的民俗文化，把一种民俗融进了内里。

早在大祚荣"令生徒六人入学"（《渤海国志长编》），让六人前往唐都就读国学深造以后，渤海王曾陆续派"留唐生"到长安学习，每一批"留唐生"少则数人，多则十余人。他们在学习儒家的典章、古今制度，参加唐朝的科举官贡考试，如乌炤度、乌光赞、李居正等人皆获得进士及第。

唐太宗贞观二年（628年），契丹大贺氏首领摩会曾率领诸部归附唐朝，唐太宗赐给摩会象征权力的信物——鼓纛，也就是战鼓与大旗。

那是鲜红的旗，金黄的鼓，从此这旗鼓成为渤海国生活和信仰的精神仪式，鼓一响，旗便传动，鼓停息，旗传到哪里，哪里便被推举成"王"，这仿佛是民间的击鼓传"花"，当然也不排斥先定"王"再以这击鼓传旗的仪式把"王"当众定下来。

大贺氏部落联盟最初建立在契丹八个部落平等联合的基础上，八部酋长称为"辱纥主"，意为"大人"。

如果推举一人为联盟长称为"王"，建旗鼓以统八部，必得传旗击鼓，每三年一会（换届），以旗鼓立。

若遇到灾害瘟疫，畜牧衰微，则认为是联盟长不贤，上天震怒之故，八部大人举行聚议，另立新主传以旗鼓，旧主退位，"被代者以为约本如此，不敢争"（欧阳修《新五代史》），因为此时鼓已敲响，旗已立于王后。

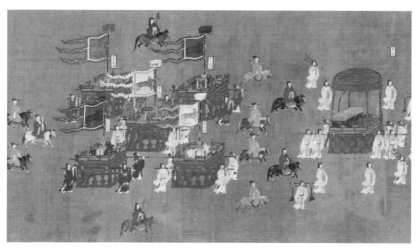

北宋《大驾卤簿图书》（局部·金吾纛槊）（中国国家博物馆藏）

渤海人认为旗乃神圣之物，特别是那旗的姿态和色泽，飘动时如霞云翻滚，红色乃血浪，以生命征战之所得。

其实他们更加坚信，万物都是神圣的，天、地、日、月、星辰、山川、河流、草木、鱼虫皆有神灵，同时崇拜神仙、鬼仙，祈求和期望各种神灵的保护，祛病、祈福、驱灾、避邪，信仰天地自然的观念流布在渤海国通往长安的整条驿道上。

青山不老，大道不朽。朝贡道从遥远的过去通往今天，还将继续走向同样遥远的未来。和巍巍长白山相比，再漫长的时光也都只是一瞬。朝贡道上骡马的蹄声已经远去，但朝贡道上那友好往来的温情仍然温暖人心。

经过这趟朝贡道的考察，我对人参的价值和意义有了更深的理解和感悟，同时对人参的现状也感到深深的担忧。

世界人参看中国，中国人参看吉林，人参交易看万良，长白山人参美名扬。

长白山人参主要分布于长白山脉延伸的北纬35°～48°狭窄区域内，南起辽宁宽甸，北至黑龙江伊春，其中心产区是以延边朝鲜族自治州为中心的抚松、长白、靖宇、集安、敦化、安图等县（市）。

目前全球人参产量在80000吨左右，主要产自中国、韩国、朝鲜、俄罗斯、美国、加拿大和日本七个国家，其中中国占世界人参产量的70％。

而韩国仅凭不到全球10％的人参产量，就坐上了世界人参产业的头把交椅。我国是人参产量大国，产值却仅为韩国的10％。

为什么会造成这种局面呢？

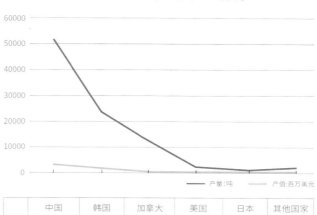

2018年全球人参产业情况

	中国	韩国	加拿大	美国	日本	其他国家
产量	50164	23265	11367	1285	30	112
产值	2870	2489	478	54	4	5

数据来源：The Global Ginseng Market and Korean Ginseng〔J〕. Journal of Ginseng Culture，2022（4）：1-12. https://doi.org/10.23076/jgc.2022.4.001.

（一）技术差异

我国的人参生产目前约70%为散户，加工方式也多为家庭作坊式，没有形成集约化的规模性生产和经营。其低级、松散的生产方式所产生的最大弊病是阻碍了产品质量的提高，进而对整体产值、经济效益及行业声誉造成了严重的负面影响。

同时，我国有近两万家企业从事人参加工和贸易，小而散，大品牌骨干企业缺失，缺少深加工的意识、标准化管理和品牌效应理念，致使相当一部分企业只能依附于外资企业或强势品牌。

目前现状所导致的结果是，我国人参出口基本上是以人参原料为主，在初级人参市场的销售上占有相当的份额，却没有创造出相应的经济效益。而韩国利用资金、技术和品牌优势，已初步掌握了国际人参产业的定价权，并占有了人参制品的高端产品市场。

（二）政策差异

韩国高丽参有产业规划、形象打造、销售策略，往往以举国之力对高丽参进行推广和销售。

反观中国的人参产业，我们一直把人参当作药材管理。在20世纪90年代之前，仅有部分人参制品被允许作为食品在市场上销售。2002年原卫生部发布了《卫生部关于进一步规范保健食品原料管理的通知》，人参制品被局限于保健食品范围，凡是以人参为原料的制品均不能办理食品生产许可证，这就导致人参食品几近消失。2012年，终于迎来了好消息，原卫生部发布《关于批准人参（人工种植）为新资源食品的公告》，批准人参（人工种植）为"新资源食品"。

关于批准人参（人工种植）为新资源食品的公告

（2012年 第17号）

根据《中华人民共和国食品安全法》和《新资源食品管理办法》的规定，现批准人参（人工种植）为新资源食品。人参（人工种植）的生产经营应当符合有关法律、法规、标准规定。

特此公告。

附件：人参（人工种植）

卫生部

2012年8月29日

附件

中文名称	人参（人工种植）
拉丁名称	Panax Ginseng C.A.Meyer
基本信息	来源：5年及5年以下人工种植的人参 种属：五加科、人参属 食用部位：根及根茎
食用量	≤3克/天
其他需要说明的情况	1.卫生安全指标应当符合我国相关标准要求。 2.孕妇、哺乳期妇女及14周岁以下儿童不宜食用，标签、说明书中应当标注不适宜人群和食用限量。

2022年6月，吉林省出台《关于加快推进全省人参产业高质量发展的实施意见》。随后，国家林业和草原局等六部委联合发布《关于支持吉林人参产业高质量发展的意见》，其中专门提到"进一步健全人参进入食品机制"，让我们看到了人参走向餐桌的一线曙光。

积极争取国家有关部门支持，加快推动允许全植株、全参龄人参进入食品。

方便快捷完成人参食品企业标准备案。

扩大人参食品生产许可范围，对以五年及五年以下人工种植人参根及根茎为原料的人参片、人参粉等核发食品生产许可证。鼓励企业开发符合食品标准、方便易食的人参新产品……对符合条件的企业，及时帮助办理人参食品生产许可。

——《关于支持吉林人参产业高质量发展的意见》

2023年12月，又传来了好消息。国家市场监督管理总局制定了《关于发布人参等3种保健食品原料目录的公告》。

《关于发布人参等3种保健食品原料目录的公告》

根据《中华人民共和国食品安全法》《保健食品原料目录与保健功能目录管理办法》等规定，国家市场监督管理总局会同国家卫生健康委员会、国家中医药管理局制定了《保健食品原料目录人参》《保健食品原料目录西洋参》《保健食品原料目录灵芝》，现予发布，自2024年5月1日起施行。

国家市场监督管理总局　国家卫生健康委员会

国家中医药管理局

2023年12月18日

（三）民众意识的差异

许多人觉得高丽参养生效果比人参好，所以舍近求远去韩国选购高丽参产品。我们的长白山人参是森林里种植的，是模拟的野山参生长环境，而韩国是平地种植。中国人参的人参皂苷含量是高于韩国高丽参的，但由于国内对人参宣传不重视，而且列入食品行业时间较短，远不如韩国的全民普及效果。

在韩国，人参主要用作食品，人参食品占整个产业链利润的90%以上，而我国人参产业利润的80%依靠原料销售。同时，韩国诸如人参茶、人参糖、人参粉等人参食品品类繁多，其效益远超人参药品和保健品。而中国老百姓对人参的认知仍局限于它是一种治病救人、强身健体的药材。很多家庭也许还保存着一两根礼品人参，偶尔拿出来瞧一瞧，却不知道怎么吃才好，更别提要把人参当作日常食品对待了。

时间仍在流逝，别人的脚步不会停下。我国的人参产业，还有多少时间可以等？

我希望改变这种情况，此时我的脑海中出现了一个人。

| 十二 |

淳朴的初心

红参物语

讲述中国人参文化成为世界文化遗产的理由

中国东北，黑龙江省牡丹江市宁安市渤海镇有个江西村。这个江西村因在牡丹江的西边所以叫江西村，它位于牡丹江市偏南，接近吉林省，是一个以朝鲜族为主的小村庄。村里有一个土院子，院子里有几间草房子，那是朴杰出生的地方。

受家庭影响，少年朴杰就重情重义，成了村中的"孩子王"。因故辍学后，他没有沉沦，而是在社会这所大学堂里摸爬滚打，凭借着勇敢和睿智，开启了创业之路。

"那时候正赶上改革开放初期，我想自己不能再像父母那样去务农了，也许出去会有更多机会。可那时候并不知道自己能做什么。"离开学校的朴杰是迷茫的，因为一直接受朝鲜语教育，汉语成了障碍，走上社会别说赚钱，连生存都很困难。

19岁的朴杰开始一边做买卖，一边自学汉语。他白天在外面做小生意，晚上回到家就捧起《新华字典》，一个字一个字地学。因为没人教，不会读拼音，学习难度很大，也闹了不少笑话。但他深知语言文字工具的重要性，面对困难，他咬牙坚持，不论白天多累多苦，晚上都要坚持自学夜读。朴杰生性好学，喜欢钻研。这个良好的学习习惯一直保持至今。

"那时候只要有赚钱的机会，我就去尝试。"朴杰回忆说。就

朝鲜族小村庄　绘图：王柳

是仗着这股执着，朴杰凭借一本《新华字典》，硬是一点点、一步步地逐渐克服了语言文字障碍，日后助力他走向外面广阔的世界。

在12年的初创生涯里，朴杰卖过牛肉，卖过明太鱼，做过灯管生意，开过小商店，只要可以赚钱他都会去尝试。"值得信任"和"勇于担当"是当时跟朴杰一起创业的伙伴和共过事的人对他的评价。"做人要善良，是我父亲常说的话。那时候我开的小商店根本不赚钱，尽管自己很难，但只要朋友有困难找我，我一定会全力帮忙。赚钱很重要，但帮助别人也是我最愿意做的事情。"朴杰说。

创业中，朴杰也在不断经历几起几落商海沉浮。

20世纪90年代初，朴杰在延吉市开办了首家民营民航售票处、铁路售票处。他也去韩国做过服装生意，并且创立了延吉市进兴贸易有限公司。当时这家贸易公司经营得有声有色，不仅在延边名气很大，就是在吉林省也有一定的影响力。由于朴杰仗义舍己，朴实厚道，不论是做生意还是交朋友，他都是值得信赖的人。有一年，朴杰还受吉林省政府委派，作为吉林省企业家代表团的团长，带队出访考察韩国。

后来，由于市场变化和国家进出口贸易政策调整等因素影响，朴杰关了这家公司。

此时的朴杰，想到更大的平台上去展现，到更广阔的世界去闯荡。

2000年，朴杰带着两个兄弟来到北京，成立了北京进兴宏业贸易有限公司。他一边经营餐饮和服务业，一边谋求更大的事业发展。

机缘巧合。2003年，朴杰进入温热理疗行业，虽然中间经历了不少挫折，但最终他把事业做得非常成功，一直发展到现在。细细想来，朴杰的故事都非常生动，经过种种磨难、多次人生创业，几经波折，虽千辛万苦，但也积累了很多宝贵财富，他说最重要的财富就是这些经历。

其实，朴杰不做红参事业也能发展得很好，但他还是做起了红参，而且做起了最难的红参深加工。

我找到朴杰，想让他谈谈红参事业，他究竟是怎么走进这个领域的。我向朴杰提出这个问题时，正值他的生日。所有人都把欢乐凝聚在心里，大家组成一个个队，朴杰站在他的员工中间，幸福地倾听着众人发自肺腑对他爱的表达。员工对他的认同，这一点让我特别感动，我觉得企业能走到今天，这是非常重要的基础。

朴杰给我讲述了他的童年趣事，一下子把人带进一个久远的人参故事里去。他告诉我，他从小就喜欢听故事。有一年，村里的一个老人给他讲了这样一个故事：

在中国山西上党有一个叫白云山的地方，山上有一座庙，庙里

小和尚与人参娃娃　绘图：王柳

住着师徒二人，一个老和尚，领着一个小和尚。

有一天，小和尚正在山里砍柴，突然来了一个胖小子，他说："小和尚，咱俩一块玩呀？"小孩儿戴着一块红肚兜，很好看。

"我还没砍完柴。"

"一会儿我帮你砍！"

于是，两个小孩就玩了起来。

眼看天近黄昏，小和尚犯愁了，光顾着玩，柴火还没砍完。

小孩儿说："别急，我帮你。"

只见小孩儿不一会儿就砍了一背柴，真是神奇！小和尚高高兴兴背柴下了山。从此，小和尚不愁了，每天上山尽情和小孩儿玩，然后再快快乐乐背柴回庙。

老和尚见此，觉得蹊跷，就问怎么回事。小和尚一五一十地对师父说了一遍，还加了一句："那小孩白白胖胖的，还系着一件红肚兜。"

老和尚差不多明白怎么回事了，于是拿出一团红绳儿给小和尚，并说："明天在山上，你把这红绳系在小孩红肚兜上。"

清晨小和尚再次上山，不明白怎么回事的他，照着师父说的做了。夜里，天黑下来，天上的明月像一面银色的光盘，把光泽洒向土地，地上被照得通亮通亮。老和尚顺着那条红线上山，走到红绳尽头，挖出了一棵大人参。

第二天一早，老和尚把这棵人参放在锅里，加上水煮，锅里冒出了香气。小和尚没忍住揭开锅盖，结果一团蒸气慢慢上升，最后变成了一朵白云，向着东北方向飘去。飘哪儿去了？据说飘向了东北的长白山。

从此以后，除东北长白山外，再也没有其他地方长人参了。人参呢？人参在长白山落了根，那棵神奇的人参和它的后代们就生长在长白山。

小小的朴杰好奇地问老人："神奇的人参，真的在长白山那儿吗？"

"你想去找吗？"

"老爷爷，人参肯定在长白山吗？"

"在，肯定在……"

当时，有个想法在小小的朴杰心底挥之不去：人参，真有这样的神奇吗？

这个故事一次又一次填充了他的童年，影响着他那颗好奇的童心。童年便种下的人参种子，开始生了根，发了芽。

朴杰说，他觉得奇怪透了，尽管自己做过很多种工作，但无论干什么，心中总还想着那棵远方飘来的长白山人参，甚至在梦里也常常和人参打招呼：

"人参，你好吗？"

長白山人參

|十三|

走进物语

红 参 物 语

讲述中国人参文化成为世界文化遗产的理由

之后这些年，朴杰不仅拜认了许多了解人参文化的人为师，而且每年都会用大块时间走进那片神奇的土地。

这年秋天，他进山时遇见一位叫庄会双的参农，老人个头不高，一双睿智的眼睛，一说话，显得十分深邃且充满智慧，仿佛能看透人心。

他告诉朴杰一个奇特的人参现象：

"'人参疙瘩'在说话！"

"'人参疙瘩'在说话？！"

朴杰尽管已经对人参有了相当的掌握和理解，但是对于这位刚刚遇到的老参农的话，还是吃了一惊，于是立刻请教。

老人笑了，告诉他关于人参与山、与土、与水、与林、与草、与花、与叶、与动物的种种关系。

他告诉朴杰，在茫茫的长白山里有多少关于人参的知识和文化呢，简直处处皆在，时时皆在。千百年来，人参生长在长白山里，可人们发现，其实人参特别挑剔环境，它们生长在山里的阔叶林里，而不愿生长在针叶林里，为什么呢？

因为，在大山里，针叶林的落叶是松针，针状叶的含水量少，所以，一些山林里的动物、昆虫，不愿意在针叶林地带生活。那么，动物们不愿意来，就使得针叶林中的土壤缺少了有机肥。动物愿意在阔叶林中生活，它们的粪便给阔叶林中的土壤施了肥，而人参，也就愿意在这样的山林里生长。

人参，是一种很"馋"的植物，它总想"吃好的"，就像人一样，它要增加"营养"。这样，人参的种子，就选择了阔叶林地带，它们依靠动物们的粪便这种原生态的有机肥滋养自己。

是参农也是老放山人的庄会双告诉朴杰，人参须子上的人参"疙瘩"，就是它们在寻找营养的过程中留下的"记号"。

朴杰好奇地问："啊？这是人参记号？"

"对，也是山的记号。"

"山的记号？"

"对。也是土的记号，更是生命的记号。"

"生命的记号……"朴杰一脸好奇地重复道。

在久远的历史岁月中，人们已经知道，好的、珍贵的山参，往往都有人参疙瘩，就是须子上的一个一个小节点，被人称为"疙瘩"，疙瘩越多，越值钱。人们平时并没有注意这些疙瘩的来历。其实，这些疙瘩，就是人类和自然界生灵探索生命的历程，也是植物进化的印迹。

在茫茫的老林子里，一个挖参人曾经挖出了一棵长了几百个疙瘩的人参，这样的人参，价值连城。原来，人参的每一个疙瘩的形成，是人参在寻找营养的一个"动作"过程中留下的"山林笔记"。

《山林笔记》是生态自然作家胡冬林的代表作，在此书中记载了他深入长白山老林，观察、记录下来的诸多自然植物、动物的习性和特征，具有发现性。

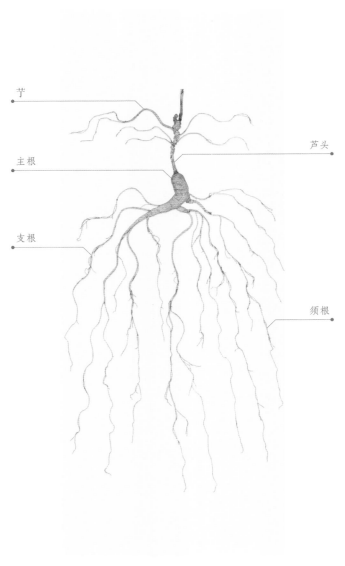

芐

芦头

主根

支根

须根

野生人参的形态部位和名称
拍摄：崔银美

在山里，人们发现了这样一个规律，有的地方，多年不出人参，而有的地方，人参一出一大片、一大窝。这是什么原因呢？这是因为，出现了一片、一窝人参的地方，具备人参可以出现的条件，那就是营养。而山里的营养，就是含有动物的血、皮、肉、毛、骨的腐殖土。人们后来发现，那些出土的人参都吸足了山里的营养，有时它们缺营养了，而离它们一尺远的地方有一块动物的尸骨，于是，人参的须子就在土下向那里"够"过去。

够，就是到达。当须子以顽强的毅力到达后，它不断地吸收地上的营养，使地表以下的主体不断壮实。可是不久，营养又少了，没了，于是，它的须子再延伸，再去寻找新的营养……

每当离开原点，它的须子上便留下一个疙瘩，就这样，人参的疙瘩，记录了它生命的成长和进化。

朴杰从老参农庄会双的讲述中得知，人参的一生，就是通过这样的寻找，产生了人参这种植物的生存奇迹，而春、夏、秋三季，是参须勇敢寻找营养的历程。冬天，它潜伏在大山茫茫的冰土冻土之下，等待着春的来临。

冬季，长白山里的冻土层中依然有腐殖土的温热层。冬季的腐殖土会产生发热的过程，使冰雪融化。这时，山层上的土、草根，会出现湿润的颜色，这会使冬眠的植物被唤醒，赶紧去吸收冬季被腐殖土的营养唤醒的养分。而有些人参须子发黄，这是营养过剩的表现，称为"烧根"。

其实在山里，不光人参知道营养，动物也知道，动物是识药的能手。比如蛇，它知道自己只要护住一棵人参，饿了就舔一舔，不至于饿死或生病。所以，参农们都知道，有人参的地方必有蛇，有蛇的地方，必会有人参，所以人们管大蛇叫"护参宝"；还因为山鼠喜欢吃人参籽，有人参的地方，山鼠就多，而蛇又喜食山鼠，这样，蛇也就与人参结下了不解之缘，流传下来很多动人的故事。

传说在蓬莱山下，有一个叫王存义的孝子与母亲生活在一起。一日王存义在地里干活，突然觉得口干舌燥又莫名心慌，便坐在田埂上休息，但心跳越来越快，王存义决定回家看看，刚进院子就吓坏了。

王存义看到母亲躺在地上已经昏厥过去，他赶紧去找郎中。郎中告诉王存义，王母患有很严重的哮喘，只有将人参切片含在口中才能续命，可惜他就算把家里的东西都卖了也买不起人参啊。

郎中告诉王存义，蓬莱山上人参很多，有的已过千年，熬碗水给王母喝下就能根除王母的病，但是山上有很多护参的蛇，很多大蛇修炼多年，只要有人敢去挖参就会被护参蛇一口吞进肚子，所以一直没什么人敢上蓬莱山挖参。

王存义为了救母甘愿冒险上山，自己挖参是为救命，不为牟利，如果护参蛇真有灵性，一定会放自己一马。

王存义收拾妥当后就上了蓬莱山，根据郎中的描述找了一个地方开始挖参，挖了大约半个时辰果然挖出一棵人参来。王存义大喜，开始仔细地挖，生怕弄坏了须根，眼看就要出土，王存义听到身后传来窸窸窣窣的声音，便赶紧加快了动作。

王存义正准备将挖好的人参装进袋子里，回过头看到一条花蛇正吐着信子盯着他，王存义盯着花蛇，心想："难道这就是护参蛇，看起来并没有很大。"

王存义没有急着将人参装进袋子里，而是对蛇说道："我母亲患病，必须用人参才能续命，请护参蛇放我离开。"

　　花蛇看着王存义没有任何动作，只是不停地吐着信子。王存义将人参慢慢装进袋子里，然后向后退去。花蛇则跟在王存义身后，王存义走花蛇也走，王存义停花蛇也停。

　　眼看天就要黑下来，王存义不想在山上过夜，赶紧回头朝着下山的路狂奔而去。

　　王存义回到家，用人参煮水，再切成片给母亲含在嘴里，当晚王母便感觉好多了，只是总感觉院子里有响动。

　　次日醒来，王存义看到母亲恢复得很好非常高兴，准备去田里干活，刚打开门便吓了一跳，只见昨日碰到的那条花蛇正趴在院子里看着自己，王存义有些害怕，拿着锄头想要把小花蛇打死，王母听到动静出门来看，看到院子里有条花蛇觉得奇怪。

　　王存义将昨日挖参之事告诉了母亲。王母告诉他，这条蛇打不得，这就是传说中的护参蛇，打死它会有大难的，而且花蛇并没有伤害他一家，它要待在这儿就由着它吧。

　　王存义听从母亲的话，嘱咐母亲把门窗关好，不要出门。

　　安排妥当后，王存义扛着锄头下地干活去了，等王存义来到地里，给田里的菜浇过水，准备去田埂上休息时，看到花蛇就在田埂上看着他。

　　不知道小花蛇为何总是跟着自己，看它的举动似乎又并不想伤害自己，王存义胆子大了起来，靠近小花蛇试图跟它说话，王存义感觉小花蛇似乎能听懂自己在说什么。

　　从那天开始，小花蛇就一直跟着王存义，王存义到哪儿它就跟到哪儿，晚上就在院子里休息。花蛇长得很快，过了一年时间就成了大花蛇。村里人注意到它，都劝王存义把蛇放了，这蛇实在吓人，说不定哪天就要闯祸。此时，花蛇跟王存义母子已经相处出感情，王存义舍不得赶它走，但又怕影响其他人，只能每日早出晚归，趁别人还没起床就下地里去，等着天黑透了再回家。

就这样又过了将近一年时间。有一日，一个年轻女子来到王存义家的田边，花蛇看到女子后，将女子缠了起来。王存义大惊，赶紧呵斥它不能伤人。只可惜小花蛇已经长大，如果它不听话，王存义一点办法也没有。眼看花蛇就要把女子整个缠住，王存义赶紧拿着锄头准备打它，等王存义来到近前，女子赶紧制止，抚摸着蛇头对王存义说："别伤它！"

王存义这才发现，花蛇是在跟女子玩耍，根本没有用力。

女子拍了拍蛇头示意它下去，小花蛇非常顺从地趴在她脚边。女子看着王存义道："这花蛇名叫小花，乃是山上的护参蛇，你偷走了人参但它没有伤你说明你和它有缘，不过我现在要带它走，你开个价吧。"

"不敢要钱，既然这小花是姑娘的，你带走便是。我与它相处两年有余，多少有些舍不得。"王存义说完，也摸了摸小花的头。

女子看得出小花和王存义感情很深，便拿出两颗夜明珠交给王存义。"这是两颗夜明珠，每一颗都价值连城，作为你养育小花两年的报答。"

王存义坚决不肯收下夜明珠，女子只好作罢，带着小花准备离开，小花却回过头不走了。女子看出小花舍不得王存义，王存义也依依不舍地看着小花，他走到小花身边邀请女子先回自己家中休息一晚再说，看到小花高兴的样子，女子同意了。

　　女子跟着王存义回到家中，王母看到儿子带回这么标致的一个姑娘，得知原因后说道："这个好办，既然你们二人都不想离开小花，干脆就在这里住下。"

　　女子看到小花高兴的样子便同意了，女子名叫蝶香，在王存义家一住就是一个月。

　　有一日，王母拉着蝶香的手说："你这样常住在我们家也不是个事，不如你就嫁给王存义为妻，这样就名正言顺了。"

　　蝶香想了想觉得也是，但她有言在先："嫁给他可以，不过我不能为王家生下一儿半女，我一旦产子就会遭到仇家追杀。"

　　王母不理解为何产子之后就会被仇家追杀，王母决定先成亲，成亲之后再想办法让蝶香生孩子。

　　就这样，王存义跟蝶香成了亲。夫妻俩的感情很好，成亲两年后蝶香果然没有生下一儿半女，王母却身患重疾病倒了。蝶香上前替王母把脉，摇了摇头叹息一声，告诉王存义王母还剩不到三个月时间。

　　王存义赶紧收拾东西要上山挖参替母亲续命，王母拉着儿子和儿媳的手，说道："我这一辈子活够了，有你们两个我很满足，只是看不到自己的孙子出生我无脸面对先人，你们要个孩子吧？"夫妻二人看着母亲的样子心里很不是滋味，王存义看看妻子，知道蝶香一旦产子就会惹来仇家报复，他担心蝶香会离开自己。

　　蝶香拍了拍王母的手说道："儿媳答应您，一定替王家生一个孙子。"

　　一年后，蝶香产下一子。蝶香还没出月子便要离开，她拖着虚弱的身子说道："我本是山间一蛇妖，因得罪了一个恶道士而躲到蓬莱山上，得山神眷顾让我成为护参蛇，躲过道士的追杀，我生下小花后被道士掌握了行踪，为了不连累小花我才远遁甩开恶道，把护参的任务交给她。等我回来时，小花护的参被挖了，小花也不知去向，我找了她两年才把她找到。我也是一条花蛇，修炼了两百年才化形，如今我以人形产下一子，法力尽失，恶道已经寻到我的方位，我必须马上离开。你我本无夫妻之缘，这次分开永不再见，带着我们的孩子好好生活下去。"

蝶香抱着襁褓中的儿子流下了眼泪，将自己随身携带的一块玉佩挂在儿子脖子上，将脸紧紧贴在儿子脸上，片刻之后将孩子交给王存义，带着小花离开了。

王存义得知妻子是蛇妖，有些不知所措，等他反应过来，小花和蝶香已经不知去向。

王存义一个人带着儿子生活，有一天晚上他做了一个梦，梦到母亲拿着扫帚追打他，责问他为何抛弃妻女。第二天醒来王存义看到枕边的泪痕，下定决心上山去找蝶香。王存义抱着儿子来到上次他挖参的地方，等了一日一夜都没有等到蝶香。

王存义打算在山上安家，正准备忙活，一个小女孩走了过来，看着王存义，喊道："父亲！"

王存义回过头，走到小女孩身边问道："你是小花？"

小女孩点点头，父女二人抱在一起痛哭不止，王存义又询问蝶香的去向，小花告诉王存义："母亲自从跟父亲分开后，把我安顿在这里，然后去把恶道引开，让我就在这里等她，到现在都没有回来。"

蝶香已经离开了一年之久，恐怕凶多吉少。想到蝶香为了完成母亲的心愿而惹祸上身，王存义非常后悔当初对蝶香和小花太冷漠，没有跟她们一起离开，他拉着小花的手说："我们一起在这里等你母亲可好？"

小花开心地说："太好了！"

从那以后，王存义带着儿子和小花一起生活在蓬莱山上。直到半年后，一个女子来到山上，王存义看着远处的女子流下了眼泪。

很多故事都是通过口口相传的方式流传下来的，传着传着成了传说，有的传说成了物语，影响力无穷，让人不经意就悟出了一些道理：像罗盘，指引人生方向；也像大力水手的菠菜，为人供能……不论是关于植物中草药的故事，还是关于人的故事，都是珍贵的文化遗产。

日本著名教育家牧口常三郎在他的书《人生地理学》中说：

自然从来都不是与人相隔离的，人的生存从来就没有离开过自然，自然也总是在与人的交往中展示出其丰富的规律和韵致的，所以自然是与人生相关的存在，也正是与人的这种关联性使得自然界也蕴涵着丰富的生命意义。

这就是"物语"，一切物品都会说话。人参的种子，埋在了朴杰的心底；物语，点亮了他的心，那颗淳朴的初心。

他决心走进这个物语——红参物语。

|十四|

到达记忆的地方

红 参 物 语

讲述中国人参文化成为世界文化遗产的理由

　　吉林省有五条丝绸之路，统称为东北亚丝绸之路。东北亚丝绸之路就是指从东北通往中原地区，也就是世界丝绸之路的起点，古代的长安，今天的西安。这条丝绸之路就是习近平总书记在2014年提出的"世界文化遗产"的概念之一。巧合的是，总书记所说的世界文化遗产的人参朝贡道，从一千多年前的唐渤海国时期，就和吉林省的朝贡道，也叫东北亚朝贡道连接在一起。

　　朴杰出生的江西村虽然现在朝鲜族居多，但以前是满族的发祥地之一，隶属1300多年前唐朝时期的渤海国。

　　我对朴杰说："你看这个地方多奇特，你住的地方就是渤海国的根，这个根又是一千多年前渤海国向唐朝进贡的起点，丝绸之路的起点，这是非常奇特的起点。"

　　说来也巧，60多年前由朴杰爷爷盖起来的草房子依旧还在，可别小看它，草房子距离渤海国直线距离2公里，那可是文化发生地，既是"红参文化朝贡发生地"，又是"丝绸之路发生地"。

　　老房子里，盛装着数不尽的回忆，酸甜苦辣、柴米油盐，还有淡淡的红参香气……

　　朴杰第一次接触红参，就是在草房子的邻居家，似乎从他记事起，上空就飘散着红参的香味。

朴杰回忆，当年辍学的那些天，他什么也不想干。有一天，他到邻居金叔家串门，一家人正在院子里忙活着。

金叔看到朴杰，忙招呼："进来，快进来。"说着拿起个凳子放在了自己旁边，拍拍凳子对朴杰说："来，坐这儿。"

朴杰很喜欢来金叔家，尤其是九十月份，院子里的人参堆得像小山一样，特别壮观。婶婶和大女儿的面前都有一个很大的盆，她们正低着头刷洗着人参，一手人参，一手刷子，非常熟练。

金婶告诉他："这洗人参，看着简单，实际可不简单。"

"不就是刷刷，有啥难的？"

"咱东北长白山林地都是黄土地，长出来的人参泥多，须子也多，想把这人参刷洗干净，人参皮还不能破，所以劲大劲小得把握好。轻了，刷不净；重了，皮破了。"

"您这么一说，确实学问不少。"

金婶麻利地刷洗着人参，她左边堆着带泥的，右边放着洗好的。洗满一筐，金叔就搬走一筐，拿到院子东面，铺平了晒干水汽。很快，院子就被铺满了，一半是白色的人参（生晒参），一半是红色的人参（红参）。一家人忙着、聊着，感觉日子不紧不慢，平静而幸福。

"金叔，你家啥时候开始做这个红参的？"朴杰问道。

"哎呦，这可有年头了，已经做了几辈人了，但到底多少年，我也说不明白。"

"您都不知道？"

"是啊。我听我爸说，我爸也是听我爷说，说是祖上有人病了，郎中给开了药方，家里头赶紧去药房抓药，但里头有一味是红参，结果单红参那味药就很贵，家里穷，买不起，就回来了……"

"那咋办？"朴杰急迫地问。

"没抓红参，其他药抓齐了，就先喝着。可是，病总也不见好。"

"少了红参，药方不管用了？"

"是啊，但家里确实买不起。后来，就找人打听红参到底是个啥。一打听才知道，原来就是把那新鲜的人参给蒸熟了，再晾干，就是红参了。"

"可是人参也贵啊！"

"是贵，但有法子了。"

"啥法子？"朴杰眼前一亮。

"我爸说，当时祖上找了村里进过山挖过参的人，一起进了山。"

"进山挖参？"

"对！进山挖参！咱们东北这地儿，山里有人参。"

"金叔，挖到没？挖到没？"朴杰着急地问。

"老百姓啊，最不怕的就是吃苦。听说，进山找了三天三夜，终于发现了一棵大山参。"

朴杰忍不住拍手说道："太好了！"

"人参是采到了，但郎中说的是红参。"

"是啊！还不能直接吃。"

"没啥事能把人难倒，总会想到办法的。"

"您说得对，办法是人想出来的。那做成了红参吗？"

"做成了！家里人打听红参怎么做，也找了郎中问，估摸着差不多了，就开始自己做。"

"吃完，病好了没？"

"好了，当然好了。这不，连这做红参的好手艺，都传到我这了，哈哈……"

"对对！"

"红参能救命，但能买得起红参的老百姓没几个。老祖宗就做起了红参，一家人的生计也是靠着这红参。"

红参是能救命的宝贝，红参也是金叔家几代人的生活保障。此刻，朴杰对红参似乎生出了一种说不清的感情，神圣又质朴。

转眼到了20世纪90年代初，中韩两国正式建立外交关系，在两国关系史上揭开了新的一页。朴杰也第一次接触到了韩国的红参加工品。

"那时认识的韩国朋友，他们送我红参，从韩国回来的亲人也会给我带红参。当时还很纳闷，我又没生病，送我这个做什么。"

当时的朴杰，还保留着邻居家吃红参治病的记忆，认为红参是药，是病人才吃的。

"他们告诉我，这个红参不仅能治病，还能防病啊！韩国人男女老少都喝，几乎天天喝。听他那么说，我就想试试，没想到这一喝就是好几年，别的不说，头疼脑热的小毛病确实少了，身上也比以前更有劲儿了。"

"红参确实是好东西啊！"我感叹道。

"红参真是好东西。我那会儿老有应酬，工作压力也大，以前喝完酒，就头昏脑涨的。但自打喝红参后，我的精神头就一直特别足。"

"那你怎么自己喝着喝着，就卖起来了？"我有些好奇。

"正巧韩国人参企业找我，想让我卖他们的红参膏。"

"红参膏？"

"对，红参膏。我从小就看邻居做过红参，后来在国内接触的也是红参的初加工，就是整支红参、模压红参、红参片这些，现在接触到韩国的红参深加工。"

"哦，这下我就明白你前面说的'韩国人男女老少都喝'，为啥用的是'喝'。"

"对，一般说红参是初加工；红参膏就是红参的深加工。"

"红参初加工和深加工有啥不一样啊？"我继续问道。

"这么说吧，比如有条路，初加工的终点站是五里地，深加工的终点站是十里地。初加工是深加工中的一个过程。一个简单，一个复杂；一个是过程，一个是终点；一个营养高，一个营养更高。"

我觉得这个比喻很形象，让人一听就明白："也就是说，深加工的红参膏多了一段路，多了些环节。"

"增加的不只是环节，在这个过程中，也增加了人参皂苷的种类和含量，人参皂苷是最重要的成分。"

"对，其实能治病救人的成分，就是人参皂苷。"

"所以韩国参企找我的时候，我没想太多，就想把这么好的红参深加工产品带到中国，让中国的老百姓受益。"

我不弄明白不罢休地问道："简单点说的话，红参深加工产品一般都有啥？"

"比如说红参液、红参膏，这些都是深加工产品。"

自此，朴杰开启了红参深加工产品的销售道路，但一开始并不顺利。

朴杰用食指在香烟上熟练地弹了几下，烟灰缓缓落入烟灰缸。他回过神来，讲着当时的情景，时间仿佛回到了2009年。

"当时不好卖。一是政策原因，当时咱们国家的政策是人参只能当药使；二是老百姓不知道红参是啥。后来我就跟大家说'红参是人参的一种，是鲜人参的熟制品'，但解释了也没啥作用，因为他们和我之前一样，在心里给人参贴上了'药'的标签。"

为了解决顾客接受度的问题，2010年初，朴杰决定让顾客免费试喝红参膏，愿意尝试的，都可以免费喝，先体验再决定买不买。

朴杰敢用这个方法，来自他对红参膏满满的信心，因为他自己就是一名红参顾客，是红参的受益者。

红参与红参浸膏（深加工产品）　拍摄：崔勋

果然，越来越多的顾客想买红参膏，他们说喝完身上有劲，有的说肠胃更好了，有的说睡眠更好了……还有些人自己喝了好，也想给家里人买点儿。看到红参越来越受到中国老百姓的认可，朴杰特别高兴。

那时朴杰凭借着语言的优势和把红参膏带进中国的热情，经常往返韩国。

朴杰说："韩国正官庄中国区负责市场的人找到我，想让我卖他们的红参，我没有同意。后来，韩国第二大红参品牌、韩国农业协会、韩国人参公社也找我，我都没同意。"

"多点企业找你合作，你选择的空间更大了，为啥不做？"我很纳闷。

朴杰眉头紧蹙："因为我做了红参膏的销售，也常往韩国跑，才发现了这里面的事。"

"这里面有啥事？"我追问。

"其实很多韩国人参企业，是从咱们中国进口的鲜人参当原材料，运到韩国后加工，再高价卖回中国。咱们中国的长白山人参，是世界最好的人参，但采购价格还不到韩国正官庄高丽参的零头，简直是天差地别。还有，当时咱们中国做红参深加工的大企业几乎没有，所以韩国企业就是主要客户，他们把价格压得很低，中国参农赚不到多少钱。还有加工，韩国的参企归烟草人参专卖公社管，加工人员技术专业，工艺先进，品质管理严格，基本形成了人参产业标准化体系。咱们国内的红参加工，还是以初加工为主，多是小企业、个体户，技术水平相差大、效率低，产品质量也多凭经验，卖不上好价钱。"

　　每次想到这里，朴杰说他的心就觉得疼。

　　朴杰接着说道："所以，我拒绝了那几家韩国参企，我想自己做，做一个自己的品牌，中国的红参品牌。"

　　一个更大的计划在朴杰脑海中开始构建——建立中国人自己的红参加工厂，做中国人自己的红参品牌。

|十五|

锦山夜话

红 参 物 语

讲述中国人参文化成为世界文化遗产的理由

红参是韩国政府支持的产业。韩国5100多万人口，对红参几乎尽人皆知。中国是种植人参的大国，但中国人却几乎不知道红参是什么，只有广东那一带稍微认识点红参。

"你考察过锦山那么多红参小作坊，是在什么时候开始决定的？"

"我下决心自己做，坚定自己建厂的信念后，去韩国考察。"

"这个事提醒了你，之后你到韩国锦山考察，发现锦山遍地人参加工厂，而中国这方面太弱了。合作销售没干，但是提醒了你做红参。"

朴杰点头答道："是的。到韩国考察后，我觉得我们应该做中国人自己的红参品牌。去韩国考察是因为我认识到红参在韩国有巨大潜力，韩国红参遍地都是，是国礼，是国家发展的命脉。我们也必须振兴红参了！"

韩国将人参食品做到了极致，人参糖、红参糖、红参蜜片、人参咖啡、人参面，人参食品已渗入他们生活的各个方面。在韩国路边的便利店能找到各种各样的人参食品，这在中国是难以想象的。

在韩国时，有一天朴杰来到锦山郡，他震惊了。

这个总面积仅有576平方公里的小地方竟有好几百家红参企业。他就想，中国这么大的国家，却很少有红参加工企业。这是一个非常有开发前途的国际市场，为什么韩国的锦山不能成为中国红参产业发展的启示呢？应该怎么把韩国的锦山变成助力中华民族锦绣前程的"金山"呢？

朴杰心疼中国的长白山人参，该怎么发展？长白山这么多这么好的人参怎么办？怎么能走出来？于是，他沿着锦山大街一家家走，边走边想，边走边抽着长白山烟。那天晚上，他想着想着，不知不觉中喝醉了。

迷迷糊糊中，他自言自语道：锦山是韩国的人参之乡，他们的锦山人参文化节办得如此之盛大，而我们国家的人参之乡，却冷冷清清……

这天夜里，他哭了！在人家的红参文化节上，别人都在玩、游览，他却在心里暗暗下决心、下狠心，必须让自己国家的红参超过韩国红参。

朴杰之所以心里如此坚定地想做红参，还有个很现实的问题。

"前些年，长白山地区的参农是亏钱的，种多少亏多少，有的甚至倾家荡产。现在人参收购量多了，参农也多少能赚些钱了，这里面多多少少有我们的功劳。30多年前，我去安图（吉林省延边朝鲜族自治州安图县）问人参多少钱。参农说，萝卜价。萝卜两块钱，人参一块八。"说到这，朴杰满是心疼。

我觉得出现这样的情况，就是没找到我们自己的品牌。朴杰创造的红参技术改变了人们对人参的看法，也提高了参农的收入。朴杰最初的想法也是想通过自己的努力帮助人们更健康。人们生命的长远，也会带来中华民族的振兴。也正是这样的想法促使着朴杰想去做好红参。

朴杰很坚定地说："一定要做大，五年以后，十年以后，一定要做中国第一红参品牌，世界第一红参品牌。我们的传统渠道也越来越壮大，很可能五年后，全国人民都知道中国人自己的国产红参品牌了。"

"我开始做红参的时候，大家都没想到我能做这么大，投入这么多。我规划建红参工厂的时候，韩国红参企业已经做起来了。记得当时我到锦山后，发现做红参浸膏的企业有几百家，大多数是小作坊，也有像正官庄这样的大企业，红参在整个韩国形成了自己的产业链。而且韩国的大红参品牌几乎全民皆知，就像中国人都知道茅台一样。所以，当我宣布要建红参厂，而且还要建在正官庄延吉工厂对面时，所有人都反对我，包括我的亲人、朋友。"

朴杰继续说道："但我感谢在锦山的经历，感谢反对我的人，包括骂我的人，他们促使我把这件事想得更清楚。"

我问："想清楚什么了呢？"

"我觉得机会来了。"

韩国锦山郡红参雕像群　拍摄：王良玉

"什么机会？"

"正官庄把市场打开，替我做好了有关红参的宣传。我期盼着他们能做好。"

"为啥呢？"

"他们能做好，就说明老百姓承认人参，承认红参。"

"从这个角度看，确实是一种机遇，正官庄先替你投石问路了，但你不怕正官庄'先入为主'吗？"

朴杰充满自信地说："我觉得中国人迟早会知道，咱们自己的长白山人参比高丽参好。而且我是中国人，在自己国家还怕干不过外国人吗？"

朴杰这种独到的见解还有敏锐的洞察力让我由衷地赞叹。对中华优秀传统文化的自豪和自信一直延续至今，历史上正是有了无数像朴杰一样的人，中华优秀传统文化才得以生生不息地传承和发展。这种自信和对民族前途的希望，将来一定会把国人紧紧凝聚在一起。

朴杰下定决心要建红参工厂，但他需要一个伙伴，跟他一样，喜欢红参，想做中国红参的伙伴，可是这个伙伴在哪儿呢？

这时，一个人闯进了他的眼帘。这个人，是一束金色的光，叫金辉，是金子发出的光辉，金黄的，亮亮的，是朴杰理想之中的一个人。

|十六|

一束金色的光

红 参 物 语

讲述中国人参文化成为世界文化遗产的理由

朝鲜族有位作曲家金凤浩，曾创作了一首著名歌曲《金梭和银梭》。

金辉，就像金梭一样，用无数岁月的传承与创新，编织出长白山红参的闪烁光辉。

金辉与朴杰的相识，媒介也是"人参"。那天，我去见了金辉，听他讲述他与朴杰、与人参文化的机缘。金辉滔滔不绝地讲解，我们从红参话题展开，到他们现在企业的情况。我一听，这不

2013年金辉于长白山传统红参加工基地　拍摄：韩龙哲

正是中国和人类的红参物语吗？

红参的诞生是中国人参发展中的重要里程碑，红参文化是中国人参文化中的璀璨明灯，是劳动人民的智慧结晶。

红参物语，就是讲述中国人参文化成为世界遗产的理由。

古时因进贡路途遥远，要数月才能到达长安，鲜人参会烂掉，所以红参加工就成了红参文化最重要的文化遗产性质，而朴杰和金辉不约而同地走在了这条路上。

中国有五千年的人参文化史和两千年的红参应用史，红参文化具备充分的久远历史，有其他文化不能替代的特定价值，也有它作为文化遗产的重要代表性，这使得红参向世界彰显了自己存在的鲜明的历史性。

传承，是人类文化世世代代不断缔结的经验性。传承性包含着对人类精神和信仰的崇拜性，包含着人类对祖先的尊崇性，也包含着对人类最重要的智慧的总结性。传承性分两种，一种是家族传承，一种是师徒传承。红参文化传承的鲜明性，在于具备了红参文化的重要地区居住者世代生活和生产的行为性，包括家族传承，其中就有金辉的家族传承。

金辉祖上第一代做红参的历史可以追溯到生活在19、20世纪交替时期的朴德用（1896—1938年）。他在渤海中京显德府旧址（今和龙市西城镇古城村），开办红参制作家庭作坊。因年深日久，关于先祖朴德用的记忆大都被风雪掩埋，但后世的传承脉络有幸被时间清晰地镌刻下来。

朴德用的侄子朴昌赫，汪清县人，1925—1958年在汪清县青山、八人沟加工红参。

　　朴昌赫的儿子朴基锡继承衣钵，在汪清县创办人参农场，栽培人参，加工红参。后来朴基锡成立图们人参加工厂，主要进行人参的初加工。1998年，乘着体制改革的东风，朴基锡成立了延边特产实业有限公司，除了人参初加工，也开始做红参的提取浓缩深加工业务。

　　朴基锡的大女婿太光镇、弟弟朴基春也从事人参加工。

　　金辉是朴基锡的二女婿。1996—2014年，他在岳父的公司做技术员，人参初加工、深加工他都做，采购、销售他也跑。后来他遇到了朴杰，于2014年加入延边可喜安生物科技有限公司，全权负责人参的生产加工工作，一直到现在。

　　红参的传承一脉相承，展现出了极为明确与清晰的世代传递。朴德用1938年过世，朴昌赫接上继续做；朴昌赫1958年过世，朴基锡1959年接上继续做；到现在的金辉，已经是第四代。

　　早在1991年，金辉趁暑期到人参加工厂打工，那是他第一次接

20世纪60年代中成药生产流程（人参文化博物馆）　拍摄：崔银美

触人参。见到参农，他就打听："할아버지（爷爷奶奶），哪个是红参呀？"大家伙被他逗笑了："小伙子，红参是加工出来的，不是种出来的！"

金辉和善可亲，和爷爷奶奶们相处得非常和睦。朝鲜族参农们一边唱着朝鲜族民谣，一边在参地里起参，这样美好的场景对金辉产生了巨大的吸引力。多次下乡收参的经历也让金辉感到参农生活真的是有意思。参农们唱着《阿里郎》《道拉吉》，收获着人参，这就是人参留在他心底最初的印象。

1996年金辉认识了朴基锡的二女儿，第二年两人便结了婚。由于采买人参人手不够，金辉被岳父安排上山。1998年，金辉到岳父开的工厂，开始接触管账的工作，那个年代，他们都是背着现金到参地里去采购鲜人参的。

有一次，金辉一个人背着30万元现金去参农家里收人参。30万啊！他心里害怕极了，但还是冒着生命危险，背着这些钱来到了小

2020年金辉在参地　拍摄：郭岸东

山沟里。回顾那两年的日子，他感慨道："其实刚开始干那会儿，人参和其他产品一样，光种出来没用啊！你不懂营销，产品生产得又慢，只能等着赔本！"

1999年，金辉被岳父派到了深圳日企的电子工厂——凯利公司学习。

日本电子厂和今天的红参加工，听起来仿佛没有什么直接联系，就连当年的金辉也不太明确。

后来，人们明白了，在红参物语的深处，它们有着密切的内在关联。

金辉发现日本先进的管理方法和国内的管理方法差别很大，再加上语言不通，还有许多新的名词——电气、芯片、指标，等等，这些名词在金辉的脑海里非常陌生，他干起工作来简直成了一团麻，引起凯利公司的不满。

金辉说："这样，你们给我三个月的时间，我一定完成任务！"

对方用质疑的眼光看着他。

金辉提出："让我下流水线可以吗？"

其实，在改革开放初期，日本企业在深圳以先进的技术占得头筹，敢于到生产线上的人，要面对各种技术环节。金辉想到，被逼到这个关节上了，反正没有退路了，咬紧牙关往前冲吧！于是他就真的一步迈到了生产线上。

在生产线上，他从领材料开始做起，然后被调到质检岗。质检的标准是什么呢？最初在金辉的眼里，百分之三就相当不错了，但是当时日本竟然提出了百万分之三的标准，也就是100万个产品里只允许有3个缺陷，这比美国提出的六西格玛（百万分之三点四）还要严格，金辉深感压力。

刚上生产线那会儿，别人都下班了，金辉还在一件一件地查看这种物件能不能传导，合不合格。因为他知道，一旦出现不良物件，日本人是不客气的。

他从日本企业严格的管理制度当中体会到，今后做事一定要以"严"字当头，不能有丝毫的疏忽和大意。同时，他也意识到，把日本企业这一套技术和管理学习借鉴的历程，就是中国民企在早期走向规范化管理过程中最艰难、最重要的一步。

从那时候开始，他给自己定下了一个更明确的目标。金辉经常主动请求任务。其实他心里清楚，你给我任务，就是等于给我技术。

任务和技术，今天听起来简直是两个毫不相干的名词，可是当年在金辉的心里，他认为一个企业要想绝路逢生、起死回生，必须从任务当中刻苦地摸索先进技术，把技术掌握在自己手里。

而这时候，他默默地参加了一个预备队。这个预备队，是日本企业的重要技术人才组合。他知道通过技术找到供应商，并通过供应商了解技术的成熟规律，肯定会对今后岳父的人参工厂经营管理产生重要影响。

当年只要日本企业一打电话，他们立刻就去。日本企业所销售的是电子仪器，技术高超，订单稳定。当年日本索尼等一大批电子企业的电子产品供不应求，好多供应商围着人家转。

所以金辉在学习日本企业技术的同时，还非常注重学习日企的生产管理。我们民族工业的发展，就在于要找出自己的差距。从一开始，他就紧紧地盯住自己企业与外国企业的差距。

他从日本机电企业的管理制度上，默默地思考着我们民族企业人参产品发展的问题。他深深感受到日本企业制度的"不近人情"。

不近人情是日本企业严格管理的"标志"。而这一条，当年我们与外国企业还有很大的差距。

日本产品的质量标准对早期中国企业的发展产生了深刻的影响。幸运的是，金辉在其中默默地关注着国外生产标准的各个环节，包括初检，包括半成品，一有不良产品立刻剔除。

金辉以自己强烈的学习欲望，带着长白山红参崛起的梦想，从日本企业的管理当中，逐渐学习到如何接触销售商，如何让中国企业的成果走向世界。

转眼到了2000年，在凯利公司工作半年后，金辉晋升为销售主管。

"金辉啊，你跟我走一趟。"有一天厂领导说。

"上哪儿？"

"上韩国！"

当时，日本电子生产厂家在中国人当中发现了这样一位青年，他们觉得这个小青年很有未来，他有些与众不同，他们决定带他出国培训，调查、推销自己的产品。但是在金辉心中，他所想的是，如何使自己国家的红参产业再生壮大。

在韩国，金辉又认识了美国的企业和中国的康佳，还参观了很多供销社、企业和厂家，他突然觉得，自己这个从长白山走出的孩子，当认真放眼世界的时候，他才看到世界是这样的："日本在战后，包括德、英、美几个国家，他们已经迅速进入了科学发展的前期阶段，而中国还没有迅速转为科技革命战略主动阶段。"

其实，"日本制造"曾是不良品的代名词，后来日本请了一位美国质量管理专家爱德华兹·戴明，引入了全面质量管理（TQC）、PDCA循环法等质量管理体系，规范生产、提升质量，仅用5年就超越了美国。

金辉心里想，既然"日本制造"能由"粗制滥造"变为"质量精良"的代名词，"中国制造"一定也可以。此刻，他暗暗下定决心。

|十七|

卖身（参）的

红 参 物 语

讲述中国人参文化成为世界文化遗产的理由

2000年，金辉回国。这个时期，中国的红参已开始出口。因岳父工厂的需要，一声"调令"，金辉去了广东，负责红参的销售。

2008年金辉（左）正在向客户销售红参 拍摄：韩龙哲

一批一批红参，从家乡运到广东，再销往东南亚各个地区。人们看着金辉奔忙的身影，都习惯称他为"卖参的"。金辉的这个外号给他留下了鲜明的特征，而"卖参的"与"卖身的"，就是一个音、一个名儿，他"卖身"吗？是的，他把生命和身体，都"卖"给了红参。

当年，销售红参是没有办法统一定价的，因为都是通过红参的外观颜色来判断价值。

我不解地问道："红参有什么独特颜色？"

"从外观看是呈暗红色的，放在太阳底下或者用手电筒照，还有点半透明，这样的可以说是好红参。"金辉还补充说，"这是中国红参的判断方法。韩国做红参会追求'黄马褂'，就是表皮有些泛黄，呈现琥珀黄为佳。"

"颜色跟什么有关系呢？"

"现在看，太多了。应该说不管哪个环节，都会影响。"

为什么这么说呢？听金辉说完红参加工的流程才清晰起来。

我们听说红参，知道红参，可能也就是近几年的事情，但红参已经"红"了千百年了，甚至比朝贡道的历史还要久远。

南北朝刘宋时期可能就已经出现红参加工了。南北朝刘宋时期雷教撰《雷公炮炙论》，是我国医药史上最早的一部制药著作，约成书于5世纪，收藏有300余种药物炮炙加工方法所涉及的炮炙技术，有炮法、炙法、焙法、爆法、蒸法、煮法、去芦、去足、制霜、酒制、蜜制、药汁制等，内容丰富，记述详尽，是我国古代集中药炮炙之大成的专著，其中炮法、炙法、焙法、爆法、蒸法、煮法等加工炮炙技术，对人参加工也可加以运用。所以有人认为，通过这些方法加工生产出红参，是有很大可能的。

不过明确出现红参加工方法的史籍，要追溯至纂于太宗天聪九年（1635年）的《清太祖努尔哈赤实录》（又称《满洲实录》），书中记载："曩时，卖参与大明国，以水浸润。大明人嫌湿推延。国人恐水参（鲜人参的别称——作者注）难以耐久，急售之，价又廉。太祖欲煮熟晒干，诸王臣不从。太祖不徇众言，遂煮晒，徐徐发卖，果得价倍常。"不难看出，努尔哈赤加工红参的办法是"煮晒"。

到了近现代，"煮晒"被改进为"蒸晒"，红参的营养成分被大幅度保留下来。经过劳动人民经验的不断积累、发展，虽然红参的加工方法不断被打破，不断被创新，但万变不离最核心的"选、洗、蒸、晒"。

（一）选参

鲜人参要按个头大小进行分类，这样才能确保在蒸的过程中，相同大小的人参受热均匀。

长白山传统红参加工——选参　拍摄：金辉

（二）洗参

洗参是个辛苦活儿，需用软毛刷等工具顺着参须方向轻轻刷洗，不急不躁，有耐心，不仅要细致，还要保证人参的完整。

（三）蒸参

说到"蒸"，方法就多了。人参量少，就放笼屉上蒸，量多的话，就放木桶里蒸。

传统蒸参工具为特制笼屉，洗净的鲜人参头朝里、尾朝外摆放在蒸屉上，用文火慢慢烧，让水蒸气逐渐作用到每一颗人参，在热的作用下，转化出红参特有的人参皂苷。三个小时过后，停火，焖半个小时，用余热使人参熟透。代代累积的经验，此刻发挥了作用。

（四）晾晒

最传统的晾晒方法就是把蒸好的红参平铺在帘子上，在自然环境中晾晒，阳光和风，不断带走水分，大概半个月，红参会呈现出特有的红色。

随着社会不断发展进步，智慧的劳动人民发现了很多可以代替晾晒的新方法：有的利用白炽灯自制一个烘干箱；有的放到烤箱中；金辉也见过放到微波炉中烘干的；规模稍微大点儿的人参加工厂，一般都建有干燥室，用于烘干。

当时金辉销往广东的红参，都是在延边红参加工基地做成的，那些加工基地是工人们用砖头盖起来的一个个小房子。

金辉一边翻着红参厂的老照片，一边给我介绍早期红参产品的制作过程："当时延边生产红参的企业，在生产的过程中，完全依靠火墙和烟道使屋内的温度升高这种乡土办法，来改变红参的温度。"

进行烘干环节的时候，金辉和工人们二十四小时轮流肩负着屋内的温度监测，看着屋里潮湿了、有水了，就立刻打开窗户；哪边潮湿就打开哪边的窗户，再根据墙上滴着的水珠来确定打开几扇窗户，温度稍微一高，立刻开窗；温度一有变化，立刻关窗户。

金辉通过窗户的"打开仓"，细心观察红参的变化，一旦掌握不好温度，有的就空心儿了。温度高了，红参里边儿受了潮气出不来，外皮就会显得很平整，没有皱纹，这就是空心了。

金辉细心观察发现：主导着红参品质的，是火候，也就是准确的温度。空心就使红参变成了二等品、二等货。他心疼地说："一旦空心了，一百多元就没了。工人们辛辛苦苦干一天，而一根红

长白山传统红参加工——晾晒　拍摄：金辉

参就丢了一百元，这可怎么办呢？必须改变。"

金辉有一双独特的慧眼金睛，于是，他开始走访延边村屯里的老泥瓦匠。

泥瓦匠，就是我们民间常说的盖房子、搭火炕的劳动力，但其实，他们是民间的"工匠"。

当年东北人家都睡火炕，而搭砌的火炕连接的火墙，火墙连接的烟囱，烟囱连接的烟道，一切的一切，每个环节都对屋内温度的调节起着重要的作用，这使得金辉掌握了大量室内温度调节的秘诀。

金辉拜了许多搭火炕的人当师傅，他领着车间工人去拜访那些老技术人，向他们请教这些火炕在什么样的情况下能随时调整。当年通化、延边、汪清、罗子沟、张家店、上泉坪、凉水这一带，许多村民都知道金辉和工人们一起去拜访烧炕老人的事情。

尤其是当煤加到火炕里的时候，如果撤得晚了，热度就会上升；如果撤得早了，热度就上不去。老人们所搭建的这些干燥室，很好地解决了当年红参最难的温度把控的问题。

今天，一座座留在延边红参加工基地的老房子，记载着中国红参加工艰难探索和创业印迹的一段路程。

为了推进市场，金辉从加工入手。没有人教他，是市场在教他；没有人总结，是他自己在总结。他懂得生活的意义，探索、吸纳就是生活的意义。所以他在销售和加工的过程中，把行情因素紧密地融合在人参的栽种、收购、加工的过程中，也就是说，吉林红参的生产和加工，一开始就是一个整体的科学过程。

"刚开始我觉得只要蒸参蒸得好，就能出好红参。可是后来发现种参、洗参、烘干、晾晒，每个环节都能影响红参的品质。"

"洗参是怎么影响的呢？"我问。

"洗参的时候，如果刷洗力度大了就会把人参表皮给破坏掉，蒸参的时候就会跑浆，就像咱们在家包饺子，皮儿擀薄了，煮的时候就露馅了。"

2013年金辉（右）于长白山传统红参加工基地　拍摄：韩龙哲

"那种参呢？是跟鲜人参的品质有关吗？"我接着问。

"对，如果打理不当，人参很容易得病，或被动物、害虫咬伤，这样的人参品质肯定大打折扣，自然做不出优质的红参啊。当然这是后话，那时候人们还没掌握科学照料人参的方法。"

"所以说，从人参的栽种到洗参、蒸参、烘干、晾晒，每一步都不能出差错，才能保证加工出一个真正品质好的红参。"我总结说道。

"是的。参农有参农需要维持的生计，红参加工作坊也局限于他们自己的加工能力，所以那时候中国市面上的红参产品质量差距非常大。我就想做点什么去改变这种现状，但又不知从何做起。"

钱要一分一分地挣，人参要一斤一斤地卖，发展要一步一步地来。

从2001年，金辉就开始了红参浸膏的研发。

研发出来之后，另一些问题又接踵而至。

首先，卖给谁？

金辉到处找那些经销商、批发商，他也不太清楚，什么是经销商？谁是批发商？人家当时说批发价，他也听不懂，什么叫批发价啊？

在当年，其实分辨人参没有什么标准，纯靠肉眼。

买人参的厂家、商家在挑不出别的毛病时，也要拼命挑出一些其他问题，比如个头大的里面有个头中的，中的里面有小的；直的当中有弯的，弯的当中有曲的。特别是人参切片当中有空的、有薄的、有厚的，有切的时候走了刀的，有摆放的时候不整齐的……于是他们拼命杀价，杀一元、杀两元，最多的杀五元。在与客户的你来我往中，金辉觉得他们挑剔得太厉害了，这工作不好干啊！

于是他的心中默默产生了一个这样的问题，到底什么是标准？什么是人参真正的尺码？人参有尺码吗？我到底卖不卖？我该不该卖？

　　这些看似简单的问题，对没有学过经济学的金辉来说，如同一座不可逾越的大山。

　　金辉是学外语的，在外语学院学习英语时，他经常学习到深夜。但经历过后，他慢慢发现，最重要的学习，是在实践、自然和社会中摸索。

　　他决定回归人参产业的起点，走进参园田野，去寻找答案。

|十八|

参农心底的叹息

红 参 物 语

讲述中国人参文化成为世界文化遗产的理由

　　这一年，金辉来到了长白山里的依力哈达沟，找到了为他们种植人参的参农刘福贤。金辉的调查是细致和专业的。

　　金辉问刘福贤："你有多少参地？"

　　"18公顷，汪清复兴镇金仓10公顷，珲春8公顷，都是在这种大片大片的森林里种。"刘福贤回答道。

　　金辉突然想到一个令他长时间疑惑的问题，于是问："为什么不把地集中在一起呢？"

　　"哪里有资源就往哪里去。以后长白山林地资源控制会更严格，再过些年，这样的参地也许都没有了，长白山人参会越来越稀缺。"

　　金辉惊讶道："为什么一定要在林地种人参？就没有别的地可以种了吗？"

　　"也有在田地种植的，但是田地有弊端，全是人为的植入菌，包括生物菌肥、菌剂、尿酸杀菌，长出来的人参质量不好，人参皂苷含量低。"刘福贤继续说道，"长白山林地的土质好，是黄土，而且腐殖土含量高。"

　　"现在有没有人工腐殖土？"

　　"有人工做的，但是坐苗率、存活率很低。也有成功的，但很少，毕竟人参对生长环境要求很苛刻。"

金辉这时深深感到，必须使人参的生产，从栽培到成参程序化，于是问道："你这儿需要用多少工人？"

"这个不一定，得根据具体情况。正常情况下，8公顷的参地，仅春天就需要150个工人，还不包括以后的参地管理啥的。"

"哪些因素会影响人参产量呢？"

"与气候和地理位置有关。地理位置选定后，主要就是与气候有关。最适合人参生长的温度是立秋以后18℃~25℃；水分的话没测过，时间长了就是靠经验，土抓在手里，能散开，还不能掉，是最好的、最适合人参生长的湿度；人参，既喜阴还喜阳，没有阳光不行，全是阳光也不行。"

"种参大部分都是靠经验吗？"

刘福贤回答道："以前是这样，我的祖辈都是种人参的，在生产队集体种人参。当时珲春有招商政策，看好哪块地就给哪块，价格也很便宜，林场也给全套服务，所以就这么来了。但现在不仅要考虑人参的产量，也要考虑品质，这就要依靠科学技术，营造出野

参农刘福贤　拍摄：崔勋

山参生长的自然环境，品质才能提升上去。"

"对，我们收参时非常看重人参的品质。现在很多人参是生长4年的，长到5年的人参比较少，我们还是要质量好的人参，要林地长的不要平地长的，所以能找到的不多。为什么不要4年的，因为人参皂苷含量低，提取的话人参皂苷含量也低，所以我们全要5年根的长白山人参。"说完，金辉继续好奇地问道，"满5年起了参的地，第6年怎么处理？"

"起完参，租期也就结束了，还给出租地的人，用来种玉米。这块地只能种一茬人参，它对土壤的要求特别苛刻，生长的这5年，人参已经将土壤中它所需要的营养基本吸收完了，如果再种人参就会烂。如果再种下一茬人参，也要等30年以后。"

"假如人家说他的地种了30年玉米，可以种人参了，你怎么判断他说的是真的？"

"租地之前，我们必须对土壤进行抽样化验。pH值最好是6.5，中性。土壤酸性大的话，人参容易烂；碱性大，地容易发板。"刘福贤解释说。

金辉觉得参农非常不容易，就问刘福贤："种参这么辛苦，你是怎么坚持下来的呢？"

"人参是个好东西，救了我们一家的命。"说到动情处，刘福贤深深吐出一口气，为金辉讲述了一段辛酸的过往。

"我父亲是癌症去世的，因为家族基因，所以我们姐妹六人都在预防癌症。怎么防？用人参。到目前，我们几人都很平安健康。我二姐得了淋巴癌，医院给我二姐开的药就是人参皂苷，但是药太贵，所以我就给我二姐弄人参破壁粉吃，她手术后每天吃人参，各项指标保持得非常好，特别开心地活着。人参是有抗癌作用的，不是我说的，我说的没用，是专家说的。"刘福贤继续说道，"我以前就听老一辈人说，传说我们这儿以前有个大财主，他家藏了一棵价值不菲的人参。老财主临死前想见他那几个在县里当官的儿子，仆人拿出那棵人参切成片，放在老财主舌下给他吊命，直到他当行署专员和当团长的两个儿子回来。财主交代完后事，才闭上眼。"

见刘福贤说得起劲儿，金辉赶紧问起了自己一直想知道的问题："人参是怎么长大的？"

听到这个问题，刘福贤更像是泄闸的洪水，滔滔不绝地讲了起来："种参得先有种子啊，人参的种子叫人参籽，人参籽成熟的时候红红的，像人的肾，人参籽至少要经历120天的孕育才炸口。"

"什么是炸口？"金辉问。

"像松子、人参籽、榛子成熟后都会炸口。"

"为什么炸口？"

"就像母亲孕育孩子，人参籽的母亲就是土壤，炸口落地后，

人参籽　拍摄：崔勋

来年春天会生根发芽。从采摘人参籽（7月末至8月初摘籽）到播种（4~5月）正好十个月，孕育人参，和人类十月怀胎一样。"刘福贤接着说，"我种人参，就把人参当作爱人、孩子，把他的'衣食住行'安排得舒舒服服的才行。"

根据刘福贤讲的话，金辉整理了一下他给人参安排的"衣食住行"如下。

（一）整地

人参的"食物"来源于"整地"。在采伐树木后，将木材堆积起来，把树枝杂草点火烧掉，利用草木灰增加磷酸钾肥效。参地里直径超过30厘米以上的大树杈，还有大大小小的石头都得拣出去，然后用大铁镐把地上的土连同上面的草和树根一起，刨到深30厘米的黄土层，刨成大土块翻过来，让太阳晒着，这个过程叫"刨参土"。

最好在伐树当年的10月份以前刨参土，土壤经一年的熟化，第二年秋天再进行播种或移栽人参。刨出的参土还要将草皮树根、杂草清掉，用耙子搂成大土垄，然后按照1.2~1.5米的规格把参土搂平，做成高20厘米的畦床（栽参的棚）。

（二）挖排水沟

"食物"准备好了，"水力"措施当然也不能少。在畦床之间和边缘地带，按排水流向，挖好排水沟，防止雨水大的时候积水。

（三）搭棚

人参喜阴怕涝，所以还得给人参盖"房子"，也就是搭棚。说起人参棚，可是大有讲究。

先说这棚架，按高矮和外形来分，有高棚、矮棚、平棚、脊棚、拱棚、弓棚。按透光、透雨情况来分有单透棚和双透棚。单透棚只透光不漏雨，双透棚既透光又透雨，但是双透棚没有使用塑料薄膜隔雨，所以只适用于雨水较少、土壤透性好、腐殖质含量不太多的地区采用。

木板棚（人参文化博物馆）
拍摄：崔银美

为了避光挡雨，棚架上方还需要做覆盖。明朝末年，因为树皮取得比较容易，所以最早是用桦树皮和榆树皮覆盖的，叫树皮棚。清朝中期发展为草棚，就是选用芦苇和荻草制作成的草帘做覆盖，实现了反复利用。到了近代，由于木板加工的提质增效，参棚也用上了木板，不过木板选用的树种主要是红松和椴树。如今，参棚大都苫塑料薄膜，而且再加上一层遮阴网，方便调整阳光的照射力度。

草棚（人参文化博物馆）
拍摄：崔银美

树皮棚（人参文化博物馆） 拍摄：崔银美

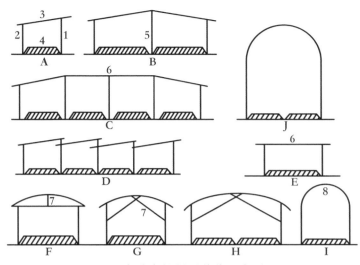

各种参棚剖面结构示意图

A 一面坡单畦全阴（单透、双透）棚　　　　　B 两面坡双畦单透（双透）棚

C 两面坡平顶四畦单透（双透）棚　　　　　　D 一面坡单畦单透（双透）联结棚

E 平顶单畦单透（双透）棚　　　　　　　　　F 拱形单畦单透（双透）棚-1

G 拱形单畦单透（双透）棚-2　　　　　　　　H 拱形双畦单透（双透）棚

I 弓形单畦单透（双透）棚　　　　　　　　　J 弓形双畦单透（双透）棚

1 前檐立柱　　　2 后檐立柱　　　3 斜梁　　　4 畦面　　　5 中间立柱

6 横梁　　　　　7 支架　　　　　8 弓条

来源：薛志革，杨世海．我国人参棚的基本结构、应用及发展方向[J]．吉林农业大学学报，1989（4）：36.

（四）播种

在自然状态下，人参种子的发芽周期长达20~21个月，所以种人参前需要催芽。人参种子催芽通常分为夏催秋播和冬催春播两个时期。

夏催秋播是把上一年的干燥种子在6月底前进行催芽，到秋季土壤上冻之前播种；冬催春播是把当年的鲜种子在8~10月催芽，到春季化冻后播种。所以不论是哪种方式，人参种子都要历经夏、秋、冬之后，到春天出苗。

（五）第一年

人参种下第一年，需要观察，就像婴儿刚出生需要呵护，参苗刚长出也要看它壮不壮、大不大，发育得怎么样，哪个苗不行了，是怎么回事，还有湿度、温度、土壤、阳光，等等。

所以一个种参人，也是对地理条件、气候等都很熟悉的人。种参表面看似很简单，其实里面包含了很多辛酸苦辣，这些都是摸爬滚打总结出来的一点点体会。

刘福贤说："对待人参就是要像对待孩子那样去呵护，人参中有'人'字。为什么别的不敢称'人'呢，因为不是百草之王。人参是百草之王，所以需要参农像呵护孩子一样去呵护它。"

（六）第二年

人参种植第二年也需要呵护，要看有没有存水，有没有干旱，雪盖得厚还是薄，就像冬天睡觉时看孩子有没有盖好被子。

两岁的人参需要冬眠，积蓄力量，第二年春天出土、发芽。然后还要管理，看哪里的苗不齐，为什么缺苗，要细心地查看。

一个夭折的孩子对于父母来说是最大的伤害，一片夭折的没有苗的参地对于参农来说也是最大的痛。

（七）第三年

人参种植第三年是最开心的一年。人参三年就可以长籽，就像人结婚后生孩子。

人参留籽就有了收益，也可以用来孕育下一代。

但也有人参籽没留成、参也烂了的情况出现。

（八）收获

人参种植第四、五年是收获的一年，每年起参时刘福贤和爱人都要祈祷，祈祷人参长得好。

年年起参，年年祈祷，上供祈祷。

"为什么会这么担心、害怕、焦虑呢？"金辉问。

"生长年数越多，需要承担的风险越大。"

"风险？"

见金辉疑惑，刘福贤赶紧解释说："人参怕晒、怕涝，还会受30多种病害、17种虫害、14种鼠害的危害，如果一棵人参传染一片人参，那之前五六年的辛苦付出就白费了。"

听到这里，金辉不禁心中一颤，惋惜道："多么劳苦的参农百姓啊，一辈子的心血都扑在人参上，到头来却被韩国低价收购走，让别人赚了大钱。"

刘福贤也叹息说："人参不叫笨参、高丽参什么的，韩国的人参，其实就是用从中国长白山带去的人参籽种出来的。人参就是中国的，应该叫中国人参或长白山人参！"

这是来自参农最真切的呼声啊，他们在心底深深地叹息。

金辉被触动了，心里似乎有一股蓄积了很久的东西在跃跃欲出，等待被释放，他在心底默默地呐喊："中国人参不能被埋没，辛劳的参农不该被辜负！"也是在那一刻，他觉得做红参，光靠模仿是不行的，得另寻他路，而且这条路，已经非走不可了。

| 十九 |

物语就是创造

红 参 物 语

讲述中国人参文化成为世界文化遗产的理由

一边是满肚子困惑的金辉，一边是需要红参伙伴的朴杰。

是命运，也是红参的物语，让他们相遇了。

有一次，朴杰要办一个出国证件，非常着急，想一天办出来。当时，金辉在做签证工作。金辉看这个人挺着急，就给他打包票说："你放心吧，一天能办出来。"因为这件事，两人第一次相遇相识。

几年过后，两人都做起了新的事业。他们又在机场偶然碰到，金辉分享着自己这几年来事业上的困惑和迷茫。

"不要只做一个商贩，要想着做成一份事业，做一个益于国家、益于民族的企业家，我们要把中国红参做成世界第一品牌。"朴杰一句话惊醒梦中人。他继续说起自己建厂的想法，正需要人才，惺惺相惜的两个人决定一起做红参！

后来朴杰多次到韩国考察，找技术支持。当时做红参加工厂，需要人才，需要韩国的先进技术，而韩国的红参加工技术在世界上数一数二，怎么将其引入中国的红参生产技术上，这个非常重要。

我问："为什么非得韩国技术，为什么中国技术不能做？"

金辉说道："那时中国的红参加工方法虽然有了很大的改进，

但受到设备、技术的限制，我们还是采用比较传统的加工方法。"

朴杰补充说："比如蒸参时的密封不好，营养成分就流失了，那时中国的密封技术发展得还不好。"

"韩国做红参也需要蒸吗？跟咱们有什么区别吗？"

"红参加工的传统技艺是从中国发展出去的，我们有传统工艺的支撑，从洗参、蒸参到晒参等都是我们中国的。韩国的高端加工技术设备也是依照中国传统的红参加工工艺而生产的。但是我们必须承认，韩国现在的技术比我们强。"

"那在引进韩国技术的时候是不是没有可以突破的地方了呢？"

朴杰回答我说："我们使用的原材料是中国长白山人参，它的生长纬度、泥土、皮厚等方面和高丽参有区别，所以要按照中国长白山人参的特性来定制设备。我们需要自己设计图纸，然后找企业生产。"

2010年金辉（右二）到韩国红参企业考察　拍摄：韩龙哲

金辉（右一）带领团队研究中国传统红参制作技艺　拍摄：杨真

　　在急需新技术的当时，朴杰和金辉能够做到不脱离实情，不盲目引进，实属难得，当然他们遇到的困难也可想而知。

　　因国内没有厂家能生产这种设备，于是，他和金辉盯准了韩国，不过，价格太昂贵。这时朴杰说："无论多贵，我也要拿在手里。"

　　韩国设备生产企业按照朴杰的要求定制红参加工设备，并使用来自德国的一些高精度阀门，也有中国的设备。

　　朴杰和金辉终于长长地舒了一口气："我们自己'制造'的红参加工设备终于诞生了。"而他们创造的中国红参品牌——长森源，也在设备的隆隆声中诞生了。

　　"长森源"寓意来自长白山原始森林的健康源泉。

　　"长"是健康长寿，人参来自人杰地灵的长白山；

　　"森"代表原材料来自原始森林，具有生生不息的顽强生命力；

"源"是指源源不断带来幸福和快乐，是健康的源泉。

他们希望，长森源这个品牌不仅能为国人带来健康，未来还能够成为中华民族的骄傲。

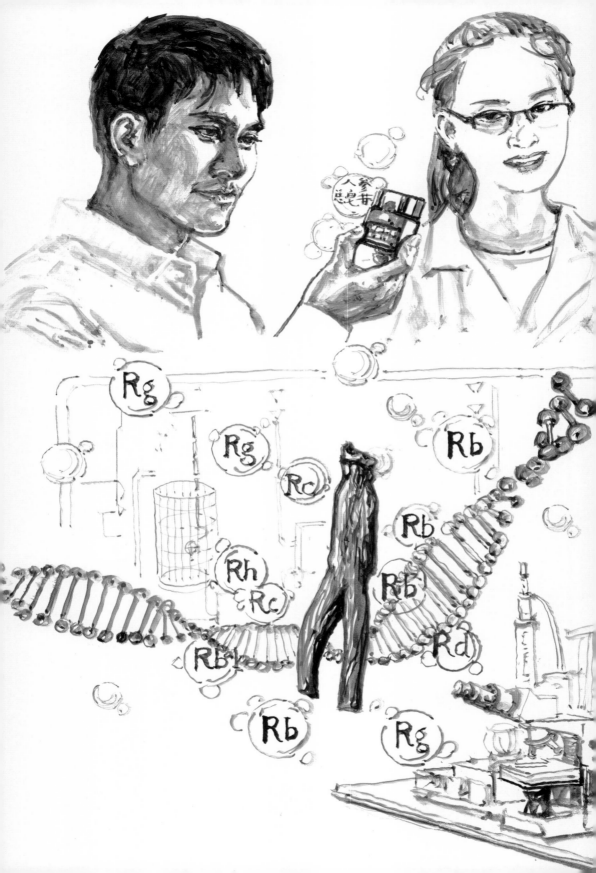

| 二十 |

创新是最好的传承

红 参 物 语

讲述中国人参文化成为世界文化遗产的理由

对于红参文化和加工技艺的传承与保护，朴杰有自己的见解。

"我们只是创新了技术，传承的根本还是中国红参文化传统加工技艺。我觉得对于传统文化、传统加工技艺，传承是对它们最好的保护，而创新是最好的传承。"朴杰说道。

金辉也赞同道："一代人有一代人的使命。先辈给我们留下了宝贵的红参制作技艺。到我们这一代，除了传承还需要创新，让它与时俱进。与时俱进就需要创新，创新也是保护，是最好的传承。"

"创新是最好的传承。"听到这句话，我心里一震。这是对过往人们认识的突破，我认为朴杰和金辉理解了传承的真谛。

传承不是静止不动的，它会随着时代的变迁不断被赋予新的活力。让传统加工技艺成为"厚重底蕴和时代发展"的融合体，只有这样，传承才能获得最强大的生命力。

以前的人们，要判断一根红参是好是坏，只能通过外皮、颜色、大小来判断；现在呢，除了这些，我们还有先进的检验方法，那就是根据人参皂苷的含量和种类多少来判断红参的品质。这种判断方法既科学又合理。我认为，这就是在传承中的创新。

在朴杰和金辉的共同努力下，不夸张地说，他们搭建了目前中国最好的红参生产设备和技术。"长森源"借着这些创新的技术和

2016年朴杰(中)在生产车间现场指导　拍摄：崔勋

现代化红参工厂　拍摄：延边点八视频传媒有限公司

设备，提升了中国人参的附加值，这让咱们国家的人参中小企业长期专注于人参初级加工的现象得到了改变。我想，这也许就是对传统红参文化和加工技艺最好的传承了。

创新的红参加工技艺，不论是在设备、技术、检测，还是在品质上，都比传统的加工方法更进步。

2022年10月初，我去他们位于延吉的红参工厂参观考察，正好赶上他们每年最忙的时候，因为采挖的鲜人参都已经运到工厂，所有人都备战在生产一线。以下我暂且用"长森源"来命名朴杰和金辉的创新，将我的所见所闻一一记录下来。

长森源对原材料的要求很严格。一是人参在模拟野山参生长的环境里长出来的；二是鲜人参要长够5整年的；三是人参皂苷含量等指标合格。只有三条都满足的人参才能进入工厂，用金辉的话就是从源头抓好质量。

（一）选参

红参加工的第一步是选参，选参的标准非常严格，只有浆气足（挺实、饱满、硬度好）、体长、形美、无病疤、无腐烂、无损伤的人参才能进入下一个环节。

因为鲜人参不容易保存，所以选参车间设置在地下一层，地下空间湿度大、无阳光直晒，而且车间内温度全天都保持在0℃~4℃，四周还设置了循环水槽系统来确保湿度。每一个细节都做得精确到位。

精选分类之后的鲜人参，由输送带直接送至地上一层的洗参车间。

鲜人参挑选车间　拍摄：崔勋

（二）洗参

洗参，可不像我们平时在家洗蔬菜水果一样，不仅要求洗净鲜人参表面的泥土，还要保持鲜人参各部位（根、须、芦、艼）的完整性，不能损伤表皮。所以人工洗参，很容易洗不干净，也很容易破坏表皮和根须，最主要的是效率低。

金辉告诉我："长白山人参根须发达，带的泥也多，手工刷，不易洗净，还容易洗坏，品质就上不去了。所以，我们自己设计、国外定制的清洗设备增加了高压喷射装置，加大了水压，能360°无死角清洗。"

（三）蒸参

鲜人参洗干净之后，由参架车推入蒸参车间。

蒸参，是红参加工中尤为关键的一个环节，是鲜人参变成红参

鲜人参传输至洗参车间　拍摄：崔勋

洗参　拍摄：崔勋

洗净后的人参　拍摄：崔勋

的重要过程。我问金辉："为什么要把鲜人参变为红参，而不直接进行深加工？"

金辉答道："红参不仅有利于保存，营养价值也更高。"

"营养价值怎么会提高了呢？"

"红参就像茶的发酵，鲜人参加工成红参后，有效成分的种类会增加。"

"人参的主要成分不是人参皂苷吗？能增加多少？"

"鲜人参的人参皂苷种类在20多种，红参的人参皂苷种类可达40多种。"

"那是不是只要把红参蒸熟了，就都会转化出来？"

"不不，如果温度、压力控制不好，很多营养成分会随着蒸汽挥发掉。"

"长森源蒸参技术不一样在哪里呢？"

"可控，还有低温低压。"金辉说。

原来，他们有一套非常智能的数控编程系统，能够根据鲜人参的

数控编程系统操作台　拍摄：崔勋

年份、水分、大小，设定蒸参时间、温度、压力等参数，通过软件编程输入计算机系统，实现对整个蒸参过程的高精度智能化控制，还能实时监控。所以，这个环节对技术、设备和人员有着极高的专业要求。

另外，低温低压蒸参也是提高红参品质的一个重要创新。金辉说："这个灵感来源于长白山温泉煮鸡蛋。有一年跟朋友去长白山，看到一池子鸡蛋。"

"我知道，长白山温泉属于高热温泉，水的温度一般都在60℃以上，最高的83℃，所以可以煮鸡蛋、鸭蛋、玉米什么的。"

"对，长白山温泉水矿物质和有益元素丰富，而且鸡蛋是从心儿往外慢慢变熟的，这样能最大化地保留鸡蛋的营养成分，还能充分吸收温泉水里的有益矿物质。据说吃这种温泉鸡蛋可以增强免疫力、软化心脑血管，而且口感还特别好。"

"吃起来有什么不一样？"

金辉回忆着说："蛋黄已经熟透，蛋白却不会完全凝固，像果冻，吃起来很嫩滑！"

蒸参柜　拍摄：崔勋

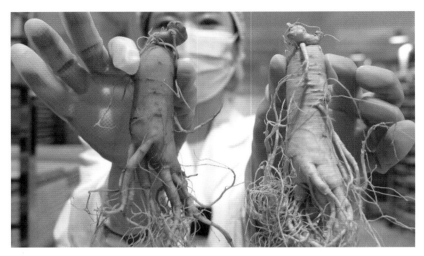

蒸制后的人参（左）与未蒸制的人参（右）　拍摄：刘大超

　　"用在蒸红参上有效果吗？"

　　"延长红参蒸熟时间，这样红参就能从心儿往外被慢慢地蒸透，转化出红参特有成分，又生成多种新的人参皂苷，有效地提高了红参品质。"

　　原来，古老的长白山温泉煮鸡蛋，也给聪明的红参人以巨大而独特的启示。

　　（四）烘干

智能控制箱　拍摄：崔勋

　　如果说蒸参影响红参的内在品质，那么烘干绝对可以说是影响红参外在品质的关键，而且在烘干过程中，人参皂苷会进一步转化。

　　为了继续提高红参品质，

风力干燥柜 拍摄：崔勋

蒸参架放入风力干燥柜 拍摄：崔勋

红参在阳光棚晾晒　拍摄：崔勋

晒好的红参　拍摄：崔勋

长森源需要进行三次烘干。

第一次是用风力烘干，干燥机内配有大型鼓风机，鼓风机将产生的热气循环作用于人参表皮。使红参表皮颜色逐渐变为褐红色，色泽通透发亮为上品。

第二次采用热量烘干法，就是由红参的中心部位逐渐向外蒸发水分，这样能防止红参空心和表皮发皱，保证内外硬度均匀。

这里有一个细节，就是在保证温度的情况下，将红参里的湿气排出，干风重新回收利用，我觉得这一点非常好，绿色环保，节省能源。

第三次烘干需要借助自然的力量。

经过两次烘干的红参还会被送入阳光棚，通过吸收太阳光自然晒干，增加红参的色泽。

阳光棚也不是随随便便就搭起来的，在顶部配有数十个自动传感器和电动窗，全部是从国外进口的。传感器将棚内所需温度、实际温度等数据自动传输到显示屏，能够实时监控。

如果遇到恶劣天气，电动窗就会自动关闭，保护红参。

（五）整理

晾晒好的红参，还没有达到长森源的标准。

接下来需要进入红参整理车间进行整理。

整理什么呢？

工人们在打包好的红参上贴上产地、参农的名字、重量、加工时间、生产日期等信息，可以追溯到它的源头。这让我觉得非常有安全感。

（六）提取浓缩

到此，鲜人参变成红参只能说是"破茧而出"，真正"羽化成蝶"的蜕变是从红参中提取浓缩出红参浸膏。

"红参很硬，吃的时候得切片、炖汤、磨粉。"金辉说。

"非常不方便是吧？"

"对，做成浸膏后，直接用勺子舀着吃就行，用温水冲也行。"

"营养成分会流失吗？"我问。

"我们提取的时候采用的是低温低压技术，还有高速离心分离技术，不会让营养成分流失，国家参茸产品质量检验检测中心给我们检测的人参总皂苷含量算是业内非常高的了。"

从长森源工厂离开时，浓郁的参香味一直萦绕着我，这味道与两千年前人参朝贡道上飘散的一样，但闻到的人，却各有着自己不同的心境。或许是讨君王欢心、妃子一笑，或许是盼家人安康、岁月静好，或许是对中国红参美好未来的畅想……这味道又必将以同

金辉（中）在提取浓缩车间查看提取进度　拍摄：崔勋

样的气息走向久远的未来。

随着车子发动，工人们忙碌的身影还有硕大的长森源工厂渐渐浓缩成一个小点，而后便消失在苍茫的长白山中。

延吉长白山，既产参，又是交通要道，再加上底蕴深厚的传统红参加工技术，这是三重优势，促使中国人参迅速成为代表性产业，代表着阳光的产业和未来。

可是我们现阶段却超不过韩国，这不是我们的悲哀吗？幸运的是，我们的企业家认识到了这个问题，要弘扬中华民族的红参文化，必须走振兴红参之路，形成世界文化遗产的中心。

长白山只是自然遗产，还没有形成文化遗产。红参文化的出现将使长白山变成一座文化的大山，这是核心，将过往和未来合理地统一在一个理想上，这也是企业的使命。

长森源对红参这个载体不断判断，挖掘出核心，才形成了今天的这个读本——《红参物语》。

二十一

红参 "悟语"

红 参 物 语

讲述中国人参文化成为世界文化遗产的理由

　　从国内市场来看，《2024—2029年中国红参行业市场供需及重点企业投资评估研究分析报告》指出，我国人参市场根据产品类型可分为红参、白参、野山参等。其中红参市场份额最大，占比约为40%。同时，过去五年中，我国红参行业的消费规模持续增长，同比增速稳定。然而，据《农小蜂：2023年中国人参产业数据分析报告》显示，我国共有8971家人参加工相关企业，但人参加工、产品开发能力仍然整体偏弱，人参相关商品总进口规模常年大于总出口规模。

　　一边是国内红参消费热情的高涨，另一边是产品质量和供应跟不上，导致韩国红参产品大量返销。

　　朴杰的讲述、他的人格和闯荡历程所形成的财富，让他以发展红参为人生使命，拼了命要使中国红参走向世界，这是一名中国企业家的产业报国情怀。

　　他深知，红参不仅是商品，更是承载着中华民族传统文化与智慧的瑰宝。

　　2020年，韩国将"人参栽培与药用文化"列为国家级非物质文化遗产。

　　2022年，韩国人参协会开始了"人参文化"为人类非物质文化遗产的申请。

难道红参的加工技艺和红参文化也要被他国申请为人类非物质文化遗产吗？

历史不容篡改。传统红参加工技艺源自中国，谁也不能否认，因为这段已经被证明的历史就是上千年前的朝贡道。

中国长白山的自然环境、山、水、土壤、阳光……促成了长白山人参无可复制的品质特性。韩国的红参加工工艺源自中国的传统红参加工工艺，并在此基础上不断发展创新。中国红参加工遗留下来的宝贵遗产拥有无穷的力量，因为它具备着中华民族传统人参加工技艺，凝聚在千万名像朴杰那样的中国人心里，凝聚在中国人自己的红参加工技艺里。

朴杰的延边红参加工厂于2012年投产，依托长白山的自然珍宝，现在已发展成为一家集人参初加工、深加工以及人参产品研发、销售、售后于一体的国家高新技术企业，具有平均每年加工1000吨鲜参的能力。他们生产的长森源牌红参浸膏，已经在中国170个城市扎下了根。朴杰对未来信心满满，他告诉我一个规划："公司决定将现有生产线规模再扩大，所有设备都用最先进的，打造一个国内前沿的自动化人参深加工基地。"

朴丽娜是朴杰的女儿，在帮助父亲打理事业的这几年时间里，她对红参有很深的感悟，对父亲的事业有了新的认知。

"我觉得我的父亲很伟大，没有他的远见，就没有这些故事。他给我们创造了实现梦想的平台。"朴丽娜满眼崇敬地说道。

朴丽娜跟我讲了一个小故事，她觉得这件事让她懂得了父亲和金辉是如此地热爱着红参和她心底的大山——长白山。

　　有一次，她刚好到延吉工厂出差。到了工厂，见到总经理金辉，平时很注重形象的他却是一副很落魄的样子，非常憔悴消瘦，两个月的生产期，他两个月没回家。

　　见此情景，她惊讶，也很疑惑。

　　"长森源的加工厂设备已经非常先进了，我以为一切步入标准化流程后，金辉能保证机器正常运转就行了，不需要多少人工的参与。尤其是金辉，他是总经理呀！"朴丽娜解释说。

　　当问金辉为什么不回家时，金辉答道："回不了家，没时间，顾客需求量大。"

　　原来，那时正值秋冬时节，很多顾客希望多买几盒红参浸膏给家人喝，增强免疫力，到了冬天少生病、少感冒，所以产品的需求量大，供不应求。他为这个事业真的是尽心尽力。

　　听到这样的回答，朴丽娜依然有些不理解，觉得每周总能抽出一两天回家吧。

　　但金辉的回答却是，即使有这么先进的设备，人的经验、技术、传承依然不可或缺。顾客需求量大，生产量就大，要保量更要保质，不能让顾客失望，不能失信于顾客。

　　我曾说过一句话："成果是表象，过程才是真正的文化。"当我们看到一根红参时，看到的是它外在的样子，可加工的过程是真正的价值，是生命和技术创造的过程。我能感受到他们是真正地热爱红参。在整个红参文化的发展中，需要很多人去探索、付出、担当，所以在朴丽娜的眼中，红参能有今天的成长，背后有像她父亲、像金辉这样的人一直在坚持和奋斗。

　　听到这里，我的脑海中浮现出金辉日日夜夜全身心投入、一丝不苟地把控着每一道工序的身影，我非常感动又欣慰，感动的是，我看到了他作为共产党员身上散发出来的工匠精神，爱岗敬业，精益求精；欣慰的是，历史悠久的中国红参文化有了这么年轻的接班人，未来可期。

朴丽娜在谈及企业未来发展时说："现在公司的员工越来越多，他们这种精神、这种胸怀、这种格局传承下去，并且在不断的学习和成长中创新发展，这是我接下来要做的事。"

朴丽娜对于如何传承与发展红参文化有着深刻的思考，她意识到，要将父亲的精神与格局传承下去，需要不断探索与实践。她的决心与行动，让我看到了中国红参文化未来的希望与可能。

真是一位伟大的父亲，一位优秀的女儿。

我们都被感动了，希望这本《红参物语》能够成为传播中国红参文化的一个载体，感动更多人，希望更多人参与到弘扬中国红参文化当中。

|二十二|

梦 想 成 真

红 参 物 语

讲述中国人参文化成为世界文化遗产的理由

　　我再次回想起朴杰生日会上，他的员工队服有黑、蓝、黄、红四种颜色。黑：黑土地；蓝：蓝天；黄：太阳；红：红参、人参籽。是无意中自然组合的颜色吗？不是，是他们自觉地走入了自然和未来赋予他们的一种理想和追求。我认为四种颜色恰恰概括了大自然、人文，以及中华民族那久远的人参历史与鲜明的特色。

　　中国人参产业曾有过一段发展低迷的时期，那时，人参在人们观念中存在很大的误区，一个是认知上的误区，乾隆年间，东北长白山的野山参就已濒危，可是人们一直以为人参中只有野山参贵重。而在韩国，有国家的官方机构人参公社去宣传，当下谁最红就让谁代言，还送给习近平主席、送给英国女王伊丽莎白二世，法国前总统密特朗也声称高丽参延长了他癌症晚期的寿命……因此，世人逐渐形成了"韩国高丽参比中国参强"这种模糊观念。另一个是生产加工中存在的误区，要么是认为老祖宗留下来的就是最好的，坚持传统工艺到底；要么就是全盘否定传统工艺，大力引进国外的产品。

　　在人参文化发展的历程中，红参和长森源的结合，使人参文化迎来了重要的发展时期。

　　中国民间文艺家协会把人参文化这棵"宝草"紧紧搂在怀里，

殷切希望它在本土发展壮大。长森源这几年在红参文化的抢救保护、传承发展上取得了显著成效。中国民间文艺家协会批准在长森源成立中国第一个"中国红参文化传承基地",这是中国红参史乃至中国人参史上的一次革新与突破,将进一步推动中国传统红参文化的传承、先进红参加工技术的革新与发展,有力推进中国红参文化在国内的扎根和东北亚地区的覆盖,最终走向世界。

中国红参文化传承基地将红参文化的传承和保护当作首要任务,不断搭建传承载体。任何文化都需要一个强大的载体才能持续传承下去。这个载体,是人,是传承人队伍,有了人,才能一代一代接下来、传下去;这个载体,是红参本身,只有红参制作技艺不断薪火相传,红参文化才不会褪色。对于红参制作技艺,中国红参文化传承基地研究和制订科学的保护计划,加快保护展示方案出台,加快技艺细节报告的整理,编制申遗文本,以尽快具备申遗的必备条件。在本书临近收尾时,我听到了好消息,他们申报的"长

2017年中国红参文化传承基地成立暨揭牌仪式现场　拍摄:崔勋

笔者（左）与朴杰（右）　拍摄：崔勋

白山红参制作技艺"成功列入延边州非物质文化遗产代表性项目名录；金辉正式被认定为这个项目的代表性传承人。当然，要让世界听到中国红参的声音，这只是刚刚开始。

人参文化，让朴杰和金辉深深地懂得，人参，不单单是"一棵草"，它更是一个"道"。难道人参之道，不是人生之道吗？道啊，人生之道，在这小小的植物上体现着、传承着。为此，基于红参文化的传承与延续，我们需要做到以下几方面。

（一）加强红参文化的过程文化

红参文化是珍贵的人类文化遗产。红参文化走入世界的过程当中，我们其实只注意到了红参文化的产品化，还没有注意到作为红参文化形成产品文化的过程文化。

一种文化光有文化本身不行，同时要留住文化发展的过程。生产过程的文化依然是具有文化价值的。

作为产品，作为世界文化遗产的红参文化，它的栽种、加工过程具有真正的文化价值性，还要大力挖掘、总结和传承，比如我们要大力挖掘红参文化的自然故事、历史故事和生活故事。

与此同时，人参的栽培、加工，依然是需要走出去的过程性文化。延边红参加工基地大量的草房、土房、旧砖房，以及加工过程的火炕、火墙、烟囱、蒸锅、烤箱、晒床等依然要保护起来。

这种保护，是传承文化的保护，要再现传统的红参加工生产过程和岁月。让人们走进这个文化遗产发生地，去感受红参留给我们的过程文化。

过程文化，往往是我们忽略的珍贵文化，也是今天我们旅游开发、地域性建设、乡村振兴最重要的文化财富。

（二）讲好红参文化故事

其实大量红参文化的故事，我们今天仍没有很好地挖掘出来。如何讲好红参文化的故事？我想逐渐把人参娃娃的故事、人参姑娘的故事、一把秸秆土的故事，包括大量的动植物与红参的故事，讲给更多人听。

（三）构建红参文化节

长白山有自己的人参文化节，这是中国传统文化的巨大能力和传承结果。每年农历三月十六是长白山老把头孙良的节日，在今天的通化、白山、延边都有这样的人参文化节。我们要在汪清罗子沟创办红参文化节，纪念千年来唐渤海时期朝贡人参的岁月，同时也要纪念中国红参文化传承基地开创红参文化的那些曲折难忘的岁月。

红参，它是中华民族久远的乡愁啊！

我们在述说红参故事的同时，也在讲述着北方民族与这块土地不可割舍的乡愁。包括大量的故事、传说、歌谣、谚语、歇后语、俚语、谜语、行话，各种工具的称谓，我们通通要纳入红参文化的本体文化当中，从而走出红参文化自己鲜明的地域特色文化之路。

这也是讲述中国人参文化成为世界文化遗产的理由。

参 考 文 献
----

［1］曹保明. 长白山人参文化[M]. 长春：吉林大学出版社，2014.

［2］曹保明. 重走东北亚丝绸之路[M]. 北京：中国文史出版社，2022.

［3］曹保明. 冰雪丝路[M]. 长春：吉林人民出版社，2022.

［4］曹保明. 长白山森林文化[M]. 长春：时代文艺出版社，2014.

［5］曹保明. 挖参[M]. 长春：吉林大学出版社，1999.

［6］[法]杜赫德. 耶稣会士中国书简集[M]. 郑州：大象出版社，2004.

［7］傅朗云，李澍田，杨旸. 东北亚丝绸之路历史纲要[M]. 长春：吉
　　林文史出版社，1999.

［8］高晞，[荷]何安娜. 本草环游记[M]. 北京：中华书局，2023.

［9］蒋竹山. 人参帝国：清代人参的生产、消费与医疗[M]. 杭州：浙
　　江大学出版社，2015.

［10］李树田. 长白丛书[M]. 长春：吉林文史出版社，1986.

［11］王立群. 中国人参栽培史[J]. 人参研究，2001（4）：46-48.

［12］赵杏，陈琦. 近代中朝人参贸易的官私博弈[J]. 中华医史杂志，
　　　2023（5）：277-285.

图片目录

后 记

物语也是一种血脉的觉醒

从这个故事来看，人参是一盏灯，一盏心灯，谁能真正手持这个灯盏，也必将照亮他的路程。

我把这本书定位为一部"物语"，从字面上来看是指物品在说话。物语以故事、文字、舞蹈、歌谣等形式来传递信息、价值观和思想，进而激发人们的思考，引导人们的行为，最终目的是让人们传承发扬这一"物语"。

人参（红参）源于中国，是中华文明的瑰宝。在创作《红参物语》这本书的过程中，我深刻体会到中国人参（红参）文化的深远底蕴和耀眼光芒，同时也意识到中国人参行业存在着一些不足之处。

虽然我国拥有全球最大的人参消费市场和种植基地，但人参市场产值非常低、品牌影响力弱。我国的人参产业大多还停留在原材料的生产阶段，产品的深加工不足，附加值不高，再就是人参的种植、加工、销售等环节都没有统一的标准，没有形成完整的产业链、标准化和品牌体系。

实际上，这种局面与我们根深蒂固的思想观念有很大关系。在很多国人的观念里，人参就是药材，只有生病或需要大补元气的时候才会用到。而且，老百姓觉得人参很贵，一般人吃不起，这种观念也使人参的需求主要集中在医疗市场。而另一极端现象是，很多人参只能以农产品、土特产的形式销售，附加值极低。药品与食品，高端滋补品与农产品，在同一产品上，出现了两个极端的现象，这应该是值得我们深深思考的时候了。

政府和行业从业者已经作出了一些努力，政府加大了对人参种植和加工的扶持力度，推进人参产业的转型升级。行业从业者也开始探索发展高端人参品牌和产品，以提高人参的附加值和市场认可度，推动人参产业的转型升级。同时，中国的人参行业也在推动标准化、规范化的发展，希望逐渐建立起完善的人参标准体系。

然而，这些努力还远远不够，中国人参行业走向高质量发展的道路依旧漫长。

但请相信，人参伴随着中华文明一同发展至今，人参"物语"已融入中国人的精神血脉。我们已看到，在长白山远远的背影里，一盏人参的鲜亮灯笼，正在迷雾里闪亮、闪亮，它终将照亮人间。

在《红参物语》的尾声，我愈发坚信，《红参物语》的重点不是"物语"二字所承载的故事本身，而在于有人能听得懂"物语"，并在领悟之后有付诸实践、勇于作为的力量。我把自己几十年来的所见所闻和思想沉淀不断加工细化，将朋友们的提议都纳入思考中，终于使这部书与读者见面了。

此刻，我满怀感激之情，向那些在《红参物语》诞生过程中在幕后付出的朋友们致以最深的敬意。

特别要感谢：以精湛技艺为每个章节绘制插图，赋予书籍独特视觉生命力的王益章先生；在创作初期帮我快速明确主题方向和构思的王良玉先生；以严谨态度和细腻情感，精心编校的潘文静女士与杨真女士；以其优秀审美视角，为书籍设计封面的郭岸东先生；以精益求精的职业素养，为书籍版式和装帧设计而努力的研美文化王江风女士。最后，感谢为本书的编辑和出版辛苦付出的王颖超编辑，以及所有为《红参物语》提供过帮助的朋友们。

　　当然，还有那些过世的口述老人及其后人，是他们让这些珍贵的故事得以传承，让《红参物语》不仅仅是一部书，更成为一座跨越时空的情感与智慧的桥梁。

　　谢谢你们。

　　是为后记。

曹保明

2024年10月9日于长春